农民专业合作社财务管理

黄恒福 银仲智 主编

中国农业科学技术出版社

图书在版编目（CIP）数据

农民专业合作社财务管理／黄恒福，银仲智主编 . —北京：中国农业科学技术出版社，2015.6
ISBN 978-7-5116-2109-2

Ⅰ.①农…　Ⅱ.①黄…②银…　Ⅲ.①农业合作社-专业合作社-财务管理-中国　Ⅳ.①F302.6

中国版本图书馆 CIP 数据核字（2015）第 108994 号

责任编辑	褚　怡　崔改泵
责任校对	贾海霞

出 版 者	中国农业科学技术出版社
	北京市中关村南大街 12 号　邮编：100081
电　　话	（010）82109194（编辑室）　　（010）82109702（发行部）
	（010）82109709（读者服务部）
传　　真	（010）82106650
网　　址	http://www.castp.cn
经 销 者	各地新华书店
印 刷 者	北京富泰印刷有限责任公司
开　　本	850mm×1 168mm　1/32
印　　张	7
字　　数	170 千字
版　　次	2015 年 6 月第 1 版　2015 年 9 月第 3 次印刷
定　　价	25.00 元

◆———— 版权所有·翻印必究 ————◆

《农民专业合作社财务管理》编委会

主　编　黄恒福　银仲智

副主编　李晓明　赵建群

编　委　黄恒福　银仲智　李晓明
　　　　　赵建群

前　言

农民专业合作社是现代农业发展的重要组织载体，在建设现代农业、促进农民增收、建设社会主义新农村方面发挥了重要作用，成为推动农村生产力发展和社会进步的重要力量，受到了社会的普遍关注。

农民专业合作社以农民为主体，以服务成员为宗旨，对内提供服务，对外搞活经营，与企业法人一样，是独立的市场经济主体。因此，加强财务管理、完善分配制度、提高经济效益，始终是发展农民专业合作社的重要任务。

为引导和促进农民专业合作社规范发展，国家财政部颁布了《农民专业合作社会计核算办法（试行）》，从2008年1月1日开始实施，从农民专业合作社运行和管理两个方面的特征入手，对财务管理和会计核算工作提出了基本要求。为了贯彻落实好制度，帮助农民专业合作社的财务管理人员提高工作能力和水平，我们编写了《农民专业合作社财务管理》一书。本书是依据《中华人民共和国农民专业合作社法》《农民专业合作社财务会计制度（试行）》编写，编者在认真解读《制度》内容的基础上，考虑主要学习对象的实际情况，重点讲解主要经济业务的核算方法，在编写中力求做到简明、易学、务实、可操作性强。

由于农民专业合作社是我国兴起的新型合作经济组织，其组织运营和管理模式还处于起步阶段，会计核算也在试行过程中，书中如有疏漏之处，恳请读者朋友特别是各级农村经营管理部门管理人员和广大合作社辅导员批评指正。

编　者

2015年6月

目 录

第一章 概 述 …………………………………… (1)
第一节 农民专业合作社 …………………………… (1)
一、什么是农民专业合作社 ………………………… (1)
二、农民专业合作社的基本原则 …………………… (2)
三、农民专业合作社的成员和组织机构 …………… (3)
四、农民专业合作社的经营机制 …………………… (4)
第二节 农民专业合作社财务会计制度 …………… (4)
一、农民专业合作社财务会计制度的概念及作用 …… (4)
二、农民专业合作社财务活动的管理 ……………… (6)
三、农民专业合作社的资金筹措 …………………… (7)
四、农民专业合作社的内部交易及成员账户 ……… (8)
五、农民专业合作社公积金的提取 ………………… (11)
六、农民专业合作社接受国家扶持和他人捐赠 …… (13)
七、农民专业合作社的盈余分配 …………………… (14)
八、农民专业合作社的财务会计报告 ……………… (16)
第三节 农民专业合作社财务管理现状 …………… (17)
一、财务制度建立情况及存在的问题 ……………… (18)
二、会计核算存在的问题 …………………………… (18)
三、资金筹集情况 …………………………………… (19)
四、资金管理情况 …………………………………… (19)
五、盈余分配情况 …………………………………… (19)

六、内部会计控制情况 …………………………… (20)

第二章 会计基础知识 ………………………………… (22)
 一、会计要素的概念 …………………………………… (22)
 二、会计等式 …………………………………………… (22)
 三、设置会计科目和账户 ……………………………… (23)
 四、复式记账和权责发生制与借贷记账法 …………… (23)
 五、填制和审核会计凭证 ……………………………… (27)
 六、登记账簿 …………………………………………… (27)
 七、成本计算 …………………………………………… (27)
 八、财产清查 …………………………………………… (28)
 九、编制会计报表 ……………………………………… (28)

第三章 农民专业合作社资产的核算 ………………… (29)
 第一节 固定资产 ……………………………………… (29)
  一、固定资产的概念、计价、账户设置 …………… (29)
  二、固定资产增减的核算 …………………………… (31)
  三、固定资产折旧、修理的核算 …………………… (37)
 第二节 农业资产的核算 ……………………………… (39)
  一、农业资产概述 …………………………………… (39)
  二、牲畜（禽）资产的核算 ………………………… (40)
  三、林木资产的核算 ………………………………… (43)
 第三节 货币资金、存货、应收账款 ………………… (45)
  一、货币资金 ………………………………………… (45)
  二、存货的核算 ……………………………………… (48)
  三、应收款项核算 …………………………………… (56)
 第四节 无形资产 ……………………………………… (59)
  一、无形资产的含义 ………………………………… (59)
  二、无形资产的取得与摊销 ………………………… (60)

三、无形资产的出租和出售 …………………………… (61)
　第五节　对外投资 ………………………………………… (62)
　　一、对外投资的核算 …………………………………… (62)
　　二、投资收益的核算 …………………………………… (65)

第四章　农民专业合作社所有者权益的核算 ……………… (66)
　第一节　专项基金的核算 ………………………………… (66)
　　一、理解专项基金必须把握的原则 …………………… (66)
　　二、专项基金的核算 …………………………………… (67)
　第二节　股金的核算 ……………………………………… (68)
　第三节　资本公积的核算 ………………………………… (70)
　　一、资本公积的概念 …………………………………… (70)
　　二、资本公积的管理 …………………………………… (70)
　　三、资本公积的核算 …………………………………… (71)
　第四节　盈余公积的核算 ………………………………… (72)
　　一、盈余公积的概念 …………………………………… (72)
　　二、盈余公积的管理 …………………………………… (72)
　　三、盈余公积的核算 …………………………………… (72)

第五章　农民专业合作社生产成本的管理与核算 ……… (74)
　第一节　生产成本的核算 ………………………………… (74)
　　一、成本核算 …………………………………………… (74)
　　二、科目设置、会计处理 ……………………………… (75)
　第二节　种植业的成本核算 ……………………………… (77)
　　一、一年生农作物产品成本核算 ……………………… (77)
　　二、多年生农作物产品成本核算 ……………………… (80)
　第三节　养殖业的成本核算 ……………………………… (82)
　　一、畜牧业产品成本核算 ……………………………… (83)
　　二、渔业产品成本核算 ………………………………… (85)

第四节　生产成本的其他核算 …………………… (87)
　一、生产费用和劳务服务成本核算 ……………… (87)
　二、生产成本结转 ………………………………… (89)

第六章　农民专业合作社收支与盈余的核算 ………… (90)
　第一节　农民专业合作社收入 ……………………… (90)
　　一、经营收入的核算 ……………………………… (90)
　　二、其他收入的核算 ……………………………… (92)
　第二节　农民专业合作社的费用 …………………… (93)
　　一、经营支出 ……………………………………… (93)
　　二、其他支出 ……………………………………… (94)
　　三、管理费用 ……………………………………… (95)
　第三节　农民专业合作社的盈余 …………………… (97)
　　一、盈余的概念 …………………………………… (97)
　　二、盈余的分配 …………………………………… (97)
　　三、本年盈余 ……………………………………… (103)

第七章　农民专业合作社负债的管理及核算 ………… (106)
　第一节　流动负债的核算 …………………………… (106)
　　一、短期借款 ……………………………………… (107)
　　二、应付款 ………………………………………… (108)
　　三、应付工资 ……………………………………… (108)
　　四、应付盈余返还 ………………………………… (109)
　　五、应付剩余盈余 ………………………………… (111)
　第二节　长期负债的核算 …………………………… (112)
　　一、长期借款 ……………………………………… (113)
　　二、专项应付款 …………………………………… (114)

第八章　农民专业合作社会计报表与会计档案 ……… (115)
　第一节　会计报表概述 ……………………………… (115)

  一、会计报表的种类 …………………………………（115）
  二、会计报表编报要求 ………………………………（116）
  三、会计报表编制前的准备工作 ……………………（116）
 第二节 资产负债表 ………………………………………（117）
  一、什么是资产负债表 ………………………………（117）
  二、资产负债表的内容和编制 ………………………（119）
  三、资产负债表的作用 ………………………………（121）
 第三节 盈余及盈余分配表 ………………………………（122）
  一、什么是盈余及盈余分配表 ………………………（122）
  二、盈余及盈余分配表的内容和编制 ………………（123）
  三、盈余及盈余分配的作用 …………………………（125）
 第四节 成员权益变动表和财务状况说明书 ……………（125）
  一、成员权益变动表 …………………………………（125）
  二、成员账户 …………………………………………（127）
  三、财务状况说明书 …………………………………（127）
 第五节 收支明细表和科目余额表 ………………………（129）
  一、收支明细表 ………………………………………（129）
  二、科目余额表 ………………………………………（131）

第九章 农民专业合作社财务管理十问 …………………（133）

附录1 中华人民共和国农民专业合作社法 ……………（144）

附录2 农民专业合作社财务会计制度（试行） ………（157）

**附录3 财政部、国家税务总局关于农民专业合作社
   有关税收政策的通知** …………………………（205）

参考文献 ………………………………………………（206）

第一章 概　述

第一节　农民专业合作社

一、什么是农民专业合作社

农民专业合作社是在农村家庭承包经营的基础上，同类农产品的生产经营者或同类农业产业经营服务的提供者、利用者，自愿联合、民主管理的互助性经济组织。农民专业合作社与以公司为代表的企业法人一样，是独立的市场经济主体，具有法人资格，享有生产经营自主权，受法律保护，任何单位和个人都不得侵犯其合法权益，"民管、民办、民受益"是其主要原则。

为了支持、引导农民专业合作社的发展，规范农民专业合作社的组织和行为，保护农民专业合作社及其成员的合法权益，促进农业和农村经济的发展，2006年10月31日国家颁布了《中华人民共和国农民专业合作社法》（以下简称《农民专业合作社法》），并于2007年7月1日实施。

农民专业合作社具有以下特点。

(1) 一般建在乡（镇）或村，更贴近农民。

(2) 对农产品，实行统一收购、统一包装、统一营销。

(3) 在确定收购价格时，一般实行"下保底上不限"政策，以保障农民利益。

(4) 年终盈余一般要以返利形式返还给农民。

二、农民专业合作社的基本原则

农民专业合作社遵循五大基本原则。

(1) 成员以农民为主体。《农民专业合作社法》规定，合作社的成员中，农民至少应占成员总数的80%；成员总数在20人以下的，可以有一个企业、事业单位或社会团体成员；成员总数超过20人的，企业、事业单位和社会团体成员不得超过成员总数的5%。

(2) 以服务成员为宗旨。合作社主要服务对象是合作社成员，主要为成员提供农业生产资料的购买，农产品的销售、加工、运输、储藏以及与农业生产经营有关的技术、信息等服务，谋求全体成员的共同利益。

(3) 入社自愿，退社自由。

(4) 成员地位平等，实施民主管理。农民专业合作社的权利机构是成员代表大会，成员代表大会由合作社全体成员组成，成员可以通过民主程序直接控制本社的生产经营活动。

(5) 盈余主要按照成员与农民专业合作社的交易量（额）比例返还。《农民专业合作社法》规定，农民合作社的可分配盈余按成员与本社的交易量比例返还部分不得低于可分配盈余的60%；在按成员与本社交易量比例返还后的剩余盈余部分，以成员账户中登记的出资额和公积金份额，以及本社接受国家财政直接补助和他人捐赠的财产平均量化到成员的份额，按比例分配给本社成员。

三、农民专业合作社的成员和组织机构

(一) 成员

具有民事行为能力的公民,以及从事与农民专业合作社业务直接有关的生产经营活动的企业、事业单位或者社会团体,能够利用农民专业合作社提供服务,承认并遵守农民专业合作社章程,履行章程规定的入社手续的,可以成为农民专业合作社的成员。但是,具有管理公共事务职能的单位不得加入农民专业合作社。

合作社的成员中,农民至少应当占成员总数的80%。成员总数在20人以下的,可以有1个企业、事业单位或社会团体成员;成员总数超过20人的,企业、事业单位和社会团体成员不得超过成员总数的20%。

(二) 组织机构

合作社的组织机构包括:成员(代表)大会、理事会、监事会。

1. 成员(代表)大会

人数少的合作社由全体成员组成成员大会。成员在150人以上的合作社,设置成员(代表)大会。成员(代表)大会是合作社的最高权力机构。

2. 理事会

理事会是合作社的执行机构,负责合作社的日常工作,在同其他经济组织发生业务交往中,代表合作社开展工作,有权签署经济及有关合作契约,对合作社成员(代表)大会负责。

3. 监事会

监事会是在合作社中代表全体成员监督检查理事会和工作

人员工作的监察机构。监事会可由单数组成,可连选连任。设执行监事1人,执行监事可列席理事会会议。

四、农民专业合作社的经营机制

一是统一提供生产技术服务。
二是合作购买生产资料。
三是合作销售农产品。
四是统一进行产品质量认证。
五是统一包装和统一品牌。

第二节 农民专业合作社财务会计制度

一、农民专业合作社财务会计制度的概念及作用

(一) 农民专业合作社财务会计制度的概念

农民专业合作社财务会计制度,是对存在于有关法律、法规、规章和合作社章程中有关财务会计处理规范的总称,是利用货币价值形式反映合作社财务状况和经营成果,以加强内部经营管理,提高经济效益,增强为成员服务能力的一项重要制度。作为从事生产经营活动的经济组织,农民专业合作社的财务会计活动必须适用于国家关于企业财务活动的一般规定。主要包括《中华人民共和国会计法》,国务院批准或直接颁布的有关会计规则,包括企业会计准则、企业财务通则、企业财务会计报告条例等。

作为特殊的经济组织形式,农民专业合作社在业务活动中有许多独有的特点,农民专业合作社的财务管理和会计核算也相应有独特之处。对此,《农民专业合作社法》在总则及各章节中,就其在业务往来、盈余分配、公积金量化等财务活动的主要特点上作出了原则规定,《农民专业合作社法》第三十二条要求,"国务院财政部门依照国家有关法律、行政法规,制定农民专业合作社财务会计制度。农民专业合作社应当按照国务院财政部门制定的财务会计制度进行会计核算。"

(二) 农民专业合作社财务会计制度的作用

(1) 保护成员的合法权益。合作社成员必须对合作社的业务活动实施有效的监督,依据法律、法规、合作社章程所规定的财务会计制度,由财务人员所记录的会计核算资料,成为成员监督和评价合作社管理工作成效,并据以维护自身合法权益的重要依据。

《农民专业合作社法》第十六条规定,成员享有"查阅本社的财务会计报告和会计账簿"的权利。第二十二条规定,农民专业合作社成员大会行使"批准年度业务报告、盈余分配方案、亏损处理方案"的职权。第三十三条规定"农民专业合作社的理事长或者理事会应当按照章程规定,组织编制年度业务报告、盈余分配方案、亏损处理方案以及财务会计报告,于成员大会召开的十五日前,置备于办公地点,供成员查阅"。

(2) 保护债权人的合法权益。《农民专业合作社法》第四条规定,"农民专业合作社对由成员出资、公积金、国家财政直接补助、他人捐赠以及合法取得的其他资产所形成的财产,享有占有、使用和处分的权利,并以上述财产对债务承担责任"。第五条规定,"农民专业合作社成员以其账户内记载的出资额和公积金份额为限对农民专业合作社承担责任"。因此,合作社成员对合作社承担的是有限责任,合作社财产的增减变化将直接影响到债权人的权益。依法规范合作社的财务会计行为，提供准确可信的会计信息，是保障债权人及时准确了解合作社财务情况、依法维护自身利益的重要依据。

（3）为管理人员提供决策依据。健全的财务会计制度是合作社依法筹集和利用资金、提高经济效益的有效手段，是加强和改善内部经营管理的重要措施。只有按照科学的财务会计制度提供准确、系统的财务信息，才能使合作社管理人员准确了解合作社的业务经营情况、预测成本与费用的发展趋势，作为指导生产经营活动、合理调整经营策略的重要依据。

（4）为国家宏观管理提供准确信息。作为特殊的经济组织形态，合作社严格按财务会计制度核算，有助于相关部门鉴别其与一般企业的区别，从而为制定优惠扶持政策提供依据。此外，国家的扶持政策在合作社是否得到很好的落实，扶持资金是否得到合理有效的使用，也需要通过财务会计活动进行记录并得到反映。

二、农民专业合作社财务活动的管理

（一）理事会（理事长）的财务管理职责

作为合作社的日常执行机构，理事会（理事长）负有组织和管理合作社日常财务活动的职责。《农民专业合作社法》第二十八规定，农民专业合作社的理事长或者理事会可以按照成员大会的决定聘任经理和财务会计人员。第三十三条规定，农民专业合作社的理事长或者理事会应当按照章程规定，组织编制年度业务报告、盈余分配方案、亏损处理方案以及财务会计报告。

（二）监事会（执行监事）的财务监督职责

作为合作社的监督机构，监事会（执行监事）负有对合作社的财务活动进行监督的职责。《农民专业合作社法》第三十八条规定，设立执行监事或者监事会的农民专业合作社，由执行监事或者监事会负责对本社的财务进行内部审计，审计结果应当向成员大会报告。

(三) 成员大会的职责

作为合作社的权力机构，成员大会是合作社成员行使民主控制权利的最重要形式。对合作社生存和发展可能产生重大影响的财务活动都应当通过成员大会进行决策。《农民专业合作社法》第二十二条、第三十八条就成员大会在财务决策方面的职责作出了规定，主要包括：一是决定重大财产处置、对外投资、对外担保和生产经营活动中的其他重大事项。二是批准年度业务报告、盈余分配方案和亏损处理方案。三是听取执行监事或者监事会对本社财务的内部审计报告，必要时，成员大会也可以委托审计机构对本社的财务进行外部审计。

三、农民专业合作社的资金筹措

(一) 成员出资

《农民专业合作社法》第十八条规定，成员承担"按照章程规定向本社出资"的义务，这表明成员出资不是法定义务，而是一种由章程规定的义务。这与《中华人民共和国公司法》将股东出资作为法定义务的规定是不同的。作出这一规定主要是考虑到农民专业合作社是以劳动联合为基础的经济组织，成员出资并不是确定其权利义务关系的基础，而且在实践中确实有部分合作社的章程允许不出资成员入社，这也是目前我国农民缺乏资金情况下的一种选择。

《农民专业合作社法》对成员出资的形式和期限都没有具体规定，这意味着合作社的章程可以自主规定成员出资的形式和期限，如现金、实物、无形资产等多种出资形式，一次出资、分期出资、以分配的盈余作为出资等多种出资方式。成员的出资，在成员资格终止时，应当依法按照章程的规定退还。《农民专业合作社法》第二十一条规定，成员资格终止的，农民专业合作社应当按照章程规定的方式和期限，退还记载在该成员账户内的出资额和公积金份额。这个规定有利于保护成员的合法权益，是合作社"入社自愿、退社自由"原则的具体体现。

(二) 从盈余中提取的公积金

年终合作社核算后有盈余时，经成员大会批准或按章程规定，可以提取一部分盈余作为公积金，用于弥补亏损、扩大生产经营或者转为成员出资。

(三) 国家扶持资金、他人捐赠资金

农民专业合作社是弱者的联合，具有明显的公益性特征，国家或者社会团体、个人对合作社的资金支持也是合作社资金的一个重要来源。《农民专业合作社法》规定，合作社接受国家财政直接补助和他人捐赠形成的财产平均量化为每个成员的份额，这些份额也是成员参与合作社利润分配的重要依据。

(四) 对外举债所取得的资金

合作社可以根据有关规定，对外借款或贷款。对外举债的程序和决策过程一般由章程规定。但对于数量较大的对外举债，应当由成员大会决定。《农民专业合作社法》第二十二条规定，成员大会"决定重大财产处置、对外投资、对外担保和生产经营活动中的其他重大事项"。

四、农民专业合作社的内部交易及成员账户

存在内部交易，是合作社与其他经济组织相区别的基本特征。内部交易是指合作社成员享受合作社提供的生产或劳务服务，与合作社进行农产品或者生产资料购销、技术服务等交易。这种交易发生在合作社内部，而且按成本原则进行，与市场中经济主体之间的交易不同，因此习惯上称为内部交易。合作社与非成员进行交易称为外部交易。

（一）成员交易与非成员交易分别核算

《农民专业合作社法》第三十四条规定，农民专业合作社与其成员的交易、与利用其提供的服务的非成员的交易，应当分别核算。

（1）成员和非成员的交易分别核算，是由其作为互助性经济组织的本质属性所决定的。以成员为主要服务对象，是合作社区别于其他经济组织的根本特征。《农民专业合作社法》第三条规定，农民专业合作社应当遵循以服务成员为宗旨，谋求全体成员的共同利益的原则。

如合作社主要为非成员服务，它就与一般的公司制企业没有什么区别了，合作社也就失去了作为一种独立经济组织形式存在的必要。比如一个西瓜销售公司的成立目的是通过销售西瓜赚钱，为了赚钱公司可以销售任何人的西瓜，销售谁的利润大就销售谁的，无利可图的就不与其交易。而一个西瓜合作社成立的目的是销售成员生产的西瓜，无论盈余空间大小，即使有可能亏损，也必须想办法把成员的西瓜销售出去，这是合作社存在下去的主要理由。所以说，在农民专业合作社的经营过程中，成员享受合作社服务的表现形式就是与合作社进行交易，这种交易方式是多种多样的，可以是通过合作社共同购买生产资料、销售农产品，也可以是使用合作社的农业机械、享受合作社的技术、信息等方面的服务。将合作社与成员的交易，同与非成员的交易分开核算，就可以使成员及有关部门清晰地了解合作社为成员提供服务的情况，才能确保合作社履行主要为成员服务的宗旨，充分发挥其作为弱者的互助性经济组织的作用。

（2）成员和非成员的交易分别核算，是为了向成员返还盈余的需要。《农民专业合作社法》第三十七条规定，合作社的可分配盈余应当按成员与本社的交易量（额）比例返还，返还总额不得低于可分配盈余的百分之六十。返还的依据是成员与合作社的交易量（额）比例，在确定比例时，首先要确定所有成员与合作社交易量（额）的总数，以及每个成员与合作社的交易量（额），然后才能计算出每个成员所占的比例。因此，只有将合作社与成员和非成员的交易分别核算，才能为按交易量（额）比例向成员返还盈余提供依据。

（3）成员和非成员的交易分别核算，是合作社为成员提供优惠服务的需要。由于合作社是成员之间的互助性经济组织，因此作为合作社的实际拥有者，成员与合作社交易时的价格、交易方式往往与非成员不同。与成员交易遵循的是成本原则，与非成员交易则随行就市，完全按市场规则进行，因此将两类交易分别核算也是合作社正常经营的需要。如一些农业生产资料的购买，合作社成员购买生产资料时的价格要低于非成员；有的农产品销售，合作社给成员的收购价格要高于非成员；只有将这两类交易分开核算，才能更准确地反映合作社的经营活动。

（二）建立成员账户

成员账户是指农民专业合作社在进行某些会计核算时，要为每位成员设立明细科目分别核算。《农民专业合作社法》第三十六条的规定，成员账户的功能和作用主要包括：一是记录成员出资情况，二是记录量化该成员的公积金变化情况，三是记录成员与合作社交易情况。这些单独记录的会计资料是确定成员参与合作社盈余分配、财产分配的重要依据。

（1）通过成员账户，可以分别核算其出资额和公积金变化情况，为成员承担责任提供依据。根据《农民专业合作社法》第五条的规定，农民专业合作社成员以其账户内记载的出资额和公积金份额为限对农民专业合作社承担责任。当合作社需要用公积金弥补亏损时，在合作社因各种原因解散而清算时，成员如何分担合作社的亏损和债务，都需要根据其成员账户的记载情况而确定。

（2）通过成员账户，可以为附加表决权的确定提供依据。根据《农民专业合作社法》第十七条的规定，出资额较大或者与本社交易量（额）较大的成员按照章程规定，可以享有附加表决权。只有对每个成员的交易量和出资额进行分别核算，才能确定各成员在总交易额中的份额或者在出资总额中的份额，为附加表决权的分配提供依据。

（3）通过成员账户，可以为处理成员退社时的财务问题提供依据。《农民专业合作社法》第二十一条规定，成员资格终止的，农民专业合作社应当按照章程规定的方式和期限，退还记载在该成员账户内的出资额和公积金份额；对成员资格终止前的可分配盈余，依照《农民专业合作社法》第三十七条第二款的规定向其返还。只有为成员设立单独的账户，才能确定其退社时应当获得的公积金份额和利润返还份额。

五、农民专业合作社公积金的提取

公积金也可称作储备金、公共积累，是合作社为了巩固自身的财产基础，提高本社对外信用和预防意外亏损，依照法律和章程的规定，从利润中积存的资金。《农民专业合作社法》

第三十五条规定，合作社可以按照章程规定或者成员大会决议从当年盈余中提取公积金。公积金用于弥补亏损、扩大生产经营或者转为成员出资。这一条说明了合作社提取公积金的程序、方式和用途。

（1）是否提取公积金，由章程或者成员大会决定。

现行公司法第一百六十七条规定，公司分配当年税后利润时，应当提取利润的百分之十列入公司法定公积金。也就是说，提取法定公积金是对公司制企业的强制性要求。

《农民专业合作社法》第三十五条规定，农民专业合作社可以提取公积金，也可以不提取公积金，取决于合作社成员大会的决策。作出这样的规定，主要是因为不同种类的合作社对资金的需求不同、盈利状况也不一样，因此不能强求每个合作社都提取公积金，而是要根据合作社自身对资金的需要和盈利状况，由章程或者成员大会自主决定。

（2）公积金从农民专业合作社的当年盈余中提取，比例由章程或者合作社成员大会决定。只有当年合作社有了盈余，即合作社的收入在扣除各种费用后还有剩余时，才可以提取公积金。

（3）公积金的用途主要有3种：一是弥补亏损，以弥补以往的亏损或者防备未来的亏损，维持合作社的正常经营和健康发展。二是扩大生产经营，如购买更多的农业机械、加工设备，建设储藏农产品的设施、购买运输车辆等，积累扩大生产经营所需要的资金。三是转为成员出资。在合作社有盈余时，可以提取公积金并可以将这些成员所占份额转为成员出资。

（4）每年提取的公积金要量化为每个成员的份额。《农民专业合作社法》第三十五条第二款规定，合作社每年提取的公积金，应按照章程规定量化为每个成员的份额，这是合作社在财务核算中的一个重要特点。

具体到公积金的核算，就是在公积金科目之下为每位成员设立明细科目，记录成员的公积金变化情况。由于公积金实际上是当年盈余的一部分，它们的来源是相同的。因此，公积金量化为成员个人的具体方式，应当与成员参与当年盈余分配的比例相一致。每年量化的公积金计入成员账户，成为确定成员拥有合作社财产份额和参与盈余分配的重要依据。

六、农民专业合作社接受国家扶持和他人捐赠

（1）《农民专业合作社法》第八条规定，国家通过财政支持、税收优惠和金融、科技、人才的扶持及产业政策引导等措施，促进农民专业合作社的发展。国家鼓励和支持社会各方面力量为农民专业合作社提供服务。第五十条规定，中央和地方财政应当分别安排资金，支持农民专业合作社开展信息、培训、农产品质量标准与认证、农业生产基础设施建设、市场营销和技术推广等服务。对民族地区、边远地区和贫困地区的农民专业合作社和生产国家与社会急需的重要农产品的农产品专业合作社给予优先扶持。

（2）《农民专业合作社法》第三十七条规定，国家财政直接补助和他人捐赠形成的财产在每年分配盈余时要平均量化为每个成员的份额，作为成员参与盈余分配的依据。因为，国家财政直接补助和他人捐赠，是对合作社的支持，而不是对某一个或者某一部分成员的扶持，这些支持形成的财产在合作社盈余中的贡献，应当属于合作社全体成员所有。

（3）国家财政直接补助形成的财产不得分配给成员。由于国家财政的补助或者社会捐赠都是针对整个合作社的，其目的是支持合作社的发展，而不是补助合作社的某个或某些成员。因此，成员在中途退社时不能带走这部分资金形成的财产，合作社解散时也不能分配给成员。《农民专业合作社法》第四十六条对此作出专门规定，农民专业合作社接受国家财政直接补助形成的财产，在解散、破产清算时，不得作为可分配剩余资产分配给成员，处置办法由国务院规定。

七、农民专业合作社的盈余分配

《农民专业合作社法》第三十七条规定，在弥补亏损、提取公积金后的当年盈余，为农民专业合作社的可分配盈余。可分配盈余按照下列规定返还或者分配给成员，具体分配办法按照章程规定或者经成员大会决议确定：①按成员与本社的交易量（额）比例返还，返还总额不得低于可分配盈余的60%；②按前项规定返还后的剩余部分，以成员账户中记载的出资额和公积金份额，以及本社接受国家财政直接补助和他人捐赠形成的财产平均量化到成员的份额，按比例分配给本社成员。正确理解合作社的盈余分配制度，要注意把握以下几点。

（1）合作社经营所产生的剩余，《农民专业合作社法》称之为盈余，与公司制企业经营所产生的利润是有本质区别的。其原因在于，合作社是按照成本原则运作的经济组织，其经营目标是为成员提供服务，而不是像公司制企业那样去追求利润最大化。

举个简单的例子：假设一家农产品销售合作社，将成员的农产品（假设共3 000千克）按11元/千克卖给市场，为了弥补在销售农产品过程中所发生的运输、人工等费用，合作社会首先按10元/千克付钱给农民，同时按每千克1元留在合作社3 000元钱。假设年终经过核算所有费用合计为2 000元，这样合作社就产生了1 000元盈余（3 000元－2 000元）。这1 000

元盈余,实际上就是成员的农产品出售所得扣除共同销售费用后的剩余,是应当按照交易额返还给成员的。因此,称之为盈余。如果是一家公司从农民手中收购农产品再转卖,它就会按照利润最大化的原则来确定收购价格,其获得的购销差价一般会高于合作社,其经营获得的利润也不会返还给农民。

(2)可分配盈余的分配要体现主要按交易额进行返还的原则。《农民专业合作社法》第三十七条第二款规定,按交易额比例返还的盈余不得低于可分配盈余的60%。

这反映了合作社作为互助性组织的根本特征。农民专业合作社是从事同类农业生产的农民组建的互助性经济组织。成员享受合作社的服务是合作社生存和发展的基础。比如,农产品销售合作社的成员都不通过合作社销售农产品,合作社就收购不到农产品,也就无法运转。对于农业生产资料合作社,如果成员不通过合作社购买生产资料,合作社也就失去了存在的必要。因此,成员享受合作社服务的量(即与合作社的交易量)就是衡量成员对合作社贡献的最重要依据。成员与合作社的交易量也就是产生合作社盈余的最重要来源(成员出资也扮演了重要角色)。

(3)按交易量(额)的比例返还不是盈余返还的唯一方式。根据《农民专业合作社法》第三十七条第二款的规定,合作社可以根据自身情况,按照成员账户中记载的出资和公积金份额,以及本社接受国家财政直接补助和他人捐赠形成的财产平均量化到成员的份额,按比例分配部分利润。这是因为,在现实中合作社成员出资不同的情况大量存在,必须足够重视成员出资在合作社运作和获得盈余中的作用。适当按照出资进行盈余分配,可以使出资多的成员获得较多的盈余,从而实现鼓励成员出资,壮大合作社实力。此外,成员账户中记载的公积金份额、本社接受国家财政直接补助和他人捐赠形成的财产平均量化到成员的份额，也都应当作为盈余分配时考虑的依据，这是因为，补助和捐赠的财产是以合作社为对象的，而由此产生的财产应当归全体成员所有，并可以作为盈余分配的依据。

八、农民专业合作社的财务会计报告

农民专业合作社财务会计报告是反映合作社财务状况和经营成果的书面文件，包括财务会计报表、财务会计报表附属明细表和财务会计报表附注。财务会计报表是对合作社财务状况、经营成果和现金流量的结构性表述，财务会计报表主要包括资产负债表、损益表等。

（一）合作社财务会计报告的制作

《农民专业合作社法》第三十三条规定，农民专业合作社的理事长或者理事会应当按照章程规定，组织编制年度业务报告、盈余分配方案、亏损处理方案以及财务会计报告，于成员大会召开的十五日前，置备于办公地点，供成员查阅。理事会或理事长是合作社财务会计报告制作负责人，应就会计报告的真实性、准确性、全面性对合作社负责。理事会也可以授权经理直接负责财务会计报告的制作，即由经理直接领导和组织财会人员完成财务会计报告。

（二）合作社财务会计报告的公布

按照《农民专业合作社法》的规定，农民专业合作社应当每年向其成员报告财务情况，这是合作社理事会的重要职责。

（1）成员享有了解合作社财务情况的权利。《农民专业合作社法》第十六条规定，成员享有查阅本社的章程、成员名

册、成员大会或者成员代表大会记录、理事会会议决议、监事会会议决议、财务会计报告和会计账簿的权利。

（2）应当在成员大会召开前向成员公布财务情况。《农民专业合作社法》第二十二条和第三十三条就合作社向成员公布财务情况的地点、时间和内容作出了具体规定。①合作社的理事会或理事长应当提前十五日公布有关报告。②财务报告应当置于合作社的办公地点，以便成员查阅。③财务报告应当包括年度业务报告、债权债务报告、盈余分配（或亏损处理）报告等。

（3）合作社财务会计报告的审核和批准。《农民专业合作社法》第三十八条规定，设立执行监事或者监事会的农民专业合作社，由执行监事或者监事会负责对本社的财务进行内部审计，审计结果应当向成员大会报告。没有设立执行监事和监事会的合作社，成员大会也可以委托审计机构对本社的财务进行审计。

第三节　农民专业合作社财务管理现状

农民专业合作社作为独立的市场经济主体，为推动其健康运行和有序发展，必然要求加强财务管理工作，必须要组织好各项资金活动，处理好各种财务关系，准确记录和反映合作社生产运营状况和财务运行情况。长期以来，农民专业合作社财务管理工作一直被忽视，限制了合作社提升空间，也阻碍了合作社健康长远的发展。合作社要发展壮大，不仅需要政策的支持，也需要加强内部自身的管理，特别是财务管理工作。对现阶段财务管理工作中存在的问题进行认真分析并积极寻求解决措施，对于提高合作社竞争力、促进合作社长足发展具有至关重要的意义。

一、财务制度建立情况及存在的问题

(一) 财务制度建立的法律基础

《农民专业合作社法》第五章第三十二条规定,农民专业合作社应当按照国务院财政部门制定的财务会计制度进行会计核算。2007年年底《农民专业合作社财务会计制度(试行)》由财政部颁布,2008年1月1日起正式施行。《农民专业合作社法》和《农民专业合作社财务会计制度(试行)》的颁布,为农民专业合作社财务制度的确立奠定了法律依据,进一步促进农民专业合作社的发展,完善农民专业合作社的管理,更大程度上保护农民专业合作社及其成员的合法权益。

(二) 财务制度建立存在的问题

尽管我国相继出台了《农民专业合作社法》和《农民专业合作社财务会计制度(试行)》,但目前农民专业合作社的财务制度建立情况并不理想。目前,虽然合作社初步实施了会计核算、筹资管理等财务基础工作,但并未建立完整的财务制度,未形成完整的约束体系。

二、会计核算存在的问题

会计核算是农民专业合作社财务及管理工作的核心和基础。我国已经颁布了《农民专业合作社财务会计制度(试行)》,使会计核算工作有了制度规范。但是,由于合作社财务及管理工作基础薄弱,会计核算工作还很不完善,相当一部分合作社的会计核算工作还很混乱。

三、资金筹集情况

充裕的资金是合作社发展强大的物质基础，是合作社成功运行的重要保障。为了适应农产品对外贸易发展的要求，合作社成员共同投资，兴建从事农产品加工的经济实体成为一种趋势。兴建经济实体必然要求有大量资金投入，使得合作社的资金需求量大增。一方面，合作社资金需求量大增；而另一方面，合作社筹资却又非常困难，造成合作社资金严重缺乏。资金缺乏是制约当前农民专业合作社发展的主要问题之一，主要体现在：筹资渠道狭窄、金融体系不完善、政策制度不健全等。

四、资金管理情况

资金是任何企业和组织生存、发展的基础。财务及管理工作的核心是资金管理，资金是贯穿财务及管理工作始终的一根红线，但不少合作社的资金管理工作做得很不到位。主要体现在：股金管理存在隐患、对国家扶持资金缺乏管理监督机制、没有严格的资产管理制度、合作社投资活动少、资金没有得到有效运营等。

五、盈余分配情况

盈余分配是财务管理工作的一项重要内容，也是合作社所有成员都关心的一个问题，合理盈余分配是合作社增强吸引力、凝聚力和向心力的动力。在国外，农民专业合作社都很重视盈余分配的管理工作。例如：在美国，主要采用以下分配机制：首先，社员按交货权提交货物时，可按照合作社的收购价获得货物价款，如果不能够立即获得价款，最迟也会在年终结算后获得；其次，合作社的利润每年都按社员投资比例分配给社员，并没有作为合作社的积累资金留在社内，利润及时以现金形式返还给社员，使社员在短期内就可见到直接的收益，极大地提高了他们的投资热情。合作社若要发展新项目，需要注入新资金，则再向社员发行股份或向外借贷。

目前，我国已经就合作社的盈余分配作出了相关的法律法规。《农民专业合作社法》第三十七条明确规定：在弥补亏损、提取公积金后的当年盈余，为农民专业合作社的可分配盈余。可分配盈余按照下列规定返还或者分配给成员，具体分配办法按照章程规定或者经成员大会决议确定：①按成员与本社的交易量（额）比例返还，返还总额不得低于可分配盈余的60%；②按前项规定返还后的剩余部分，以成员账户中记载的出资额和公积金份额，以及本社接受国家财政直接补助和他人捐赠形成的财产平均量化到成员的份额，按比例分配给本社成员。但目前我国农民专业合作社盈余分配制度却相当混乱，出现多样化、不规范等问题。

六、内部会计控制情况

内部会计控制是指为了提高会计信息质量，保护资产安全、完整，确保有关法律法规和规章制度的贯彻执行等而制定和实施的一系列控制方法、措施和程序。内部会计控制主要目的是为了提高会计信息质量，保护财产的安全完整，保证法规制度的贯彻执行。无论对于企业还是组织，加强内部会计控制都是保证其健康发展的重要基础。为了改善企业管理、提高企业会计信息质量，财政部陆续发布了《内部会计控制规范——基本规范》等一系列内部会计控制制度。但是农民专业合作社并不是普通的企业，其组织模式、经营特点都有其不同于企业的特殊性，目前我国一些农民专业合作社内部会计控制问题非常突出，这也严重影响了合作社的健康发展。主要体现在：没有建立有效的内部会计控制制度、未真正实行岗位分离制度、缺乏货币资金使用的授权审批制度、内部会计控制制度执行不力、民主治理结构不齐全、缺乏必要的财务监督机制等。

第二章 会计基础知识

一、会计要素的概念

会计要素是对会计对象的具体化，是按照交易或者事项的经济特征所做的基本分类，分为反映财务状况的会计要素和反映经营成果的会计要素。会计要素既是会计确认和计量的依据，也是确定财务报表结构和内容的基础。

会计要素包括资产、负债、所有者权益、收入、支出、盈余六大要素。其中，资产、负债、所有者权益反映一定时期的财务状况，构成资产负债表的主要内容，又称为资产负债表要素；收入、支出、盈余反映一定时期内经营活动的情况及其成果。

会计要素中所包含的资产、负债、所有者权益、收入、费用和利润之间存在着相互联系、相互依存的关系。这种关系在数量上可以运用数学等式加以描述。用来揭示会计对象要素之间增减变化及其结果，并保持相互平衡关系的数学表达式，称为会计平衡公式，也称为会计恒等式。

会计等式是人们从事会计核算的基础和提供会计信息的出发点。因此，它又是进行复式记账、试算平衡以及编制财务报表的理论依据，是复式记账的基础和前提。

二、会计等式

应按下列基本会计等式进行会计核算及试算平衡，即：

资产 = 负债 + 所有者权益
收入 - 支出 = 盈余

三、设置会计科目和账户

设置会计科目和账户是对会计对象的具体内容进行归类、反映和监督所采用的一种专门方法。会计对象的具体内容相当复杂，通过设置会计科目和账户，可以对各种经济业务引起的资金变动及其结果进行分类记录，以便取得各种核算数据，并对其进行分析、检查和监督。

四、复式记账和权责发生制与借贷记账法

复式记账是对发生的每笔经济业务以相等的金额在相关的2个或2个以上的账户登记的专门方法。复式记账能够反映每项经济业务的来龙去脉，可以相互联系地反映出经济业务的全貌，也便于核对账簿记录是否正确。其中，借贷记账法是被广泛使用的复式记账法。

农民专业合作社核算应采用权责发生制，会计记账方法采用借贷记账法。

（一）权责发生制

权责发生制又称应计制或应收应付制。它是以经济权益和责任的发生，即应收应付作为确定本期收入和费用的标准。也就是说，凡属本期已经获得的收入，不论其款项是否收到，都作为本期的收入处理；凡属本期应当负担的费用，不管其款项是否付出，都作为本期的费用处理。反之，凡不应当归属本期的收入，即使其款项已经收到并入账，也不作为本期的收入处理；凡不应当归属本期的费用，即使其款项已经付出并入账，也不作为本期的费用处理。由于它不论款项的收付，而以收入

和费用是否应当归属本期为准,所以,又称为应计制。

在权责发生制下,归属本期的收入和费用不仅包括上述第一种、第三种情况的收入和费用,还包括以前会计期间内已收到款项而在本期才实际获得的收入,以及在以前会计期内已支付款项而应由本期负担的费用。但它不包括第二种情况下的收入和费用。所以,在会计期末,要确定本期的收入和费用,就要根据账簿记录,按照应归属原则进行账项调整。

(二) 借贷记账法

借贷记账法把账户分为借贷两方,究竟哪一方登记增加数,哪一方登记减少数呢?这要由各个账户所反映的经济内容来确定。账户按其所反映的经济内容来看,既有反映各种资产的账户,也有反映各种负债和所有者权益的账户,而反映资产的账户与反映负债和所有者权益的账户是两种性质完全不同的账户,因此,在账户中就应当采用相反的方向来登记它们的增减数额。习惯的做法是:在资产账户中,借方登记资产的增加数,贷方登记资产的减少数;在负债和所有者权益账户中恰好相反,贷方登记增加数,借方登记减少数。这样,就形成了图2-1所示的登记业务的方法。

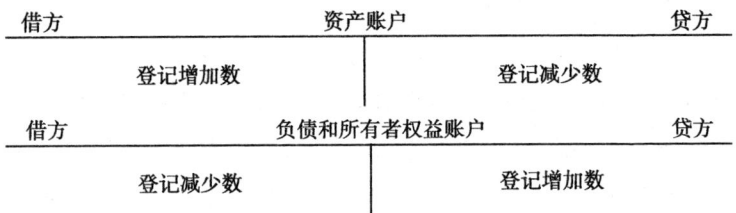

图 2-1 登记业务的方法

由此可见,借贷记账法所用的"借"和"贷"两个记账符号,在资产账户与负债和所有者权益账户中所表示的增减含义不同,也即是用相反的方向来登记它们的增加数和减少数的。

账户是用来登记经济业务增减变动情况的,在一定时期内,登记在各个账户借方或贷方的数额合计称为本期发生额。登记在借方的数额合计称为本期借方发生额;登记在贷方的数额合计称为本期贷方发生额。通过各个账户的本期发生额,可以了解在一定时期内资产、负债和所有者权益的增减变动情况。

每个账户的借方数额合计与贷方数额合计相抵后的差额称为余额。如果借方数额合计大于贷方数额合计,余额将反映在借方,称为借方余额;反之,如果贷方数额合计大于借方数额合计,余额将反映在贷方,称为贷方余额。本期期末(月末、年末)结出的余额称为期末余额,期末余额反映了各项资产、负债和所有者权益在一定时期内增减变动的结果。期末余额转入下期,即为下期的期初余额。

期初余额、期末余额与本期发生额的关系可用公式表示如下:

期末余额 = 期初余额 + 本期增加发生额 - 本期减少发生额

在账户中,登记本期各项经济业务之前,如果这个账户有期初余额,应先记入期初余额,然后再登记本期增加或减少的数额。

一般情况下,资产账户的借方登记增加数,贷方登记减少数,而其减少数不可能大于其期初余额和本期增加数之和,因此,这种账户的期末余额总是在借方。资产账户的结构如图2-2所示。

资产账户的期末余额计算公式为:

期末借方余额 = 期初借方余额 + 本期借方发生额 - 本期贷方发生额

一般情况下,负债和所有者权益账户的贷方登记增加数,

借方	资产账户	贷方
期初余额××		
本期增加额××		本期减少额××
本期增加额××		本期减少额××
本期发生额××		本期发生额××
期末余额××		

图 2-2　资产账户的结构

借方登记减少数，而其减少数不可能大于其期初余额与本期增加数之和，因此，这种账户的期末余额总是在贷方。负债和所有者权益账户的结构如图 2-3 所示。

借方	负债和所有者权益账户	贷方
		期初余额××
本期减少额××		本期增加额××
本期减少额××		本期增加额××
本期发生额××		本期发生额××
		期末余额××

图 2-3　负债和所有者权益账户的结构

负债和所有者权益账户的期末余额计算公式为：

期末贷方余额 = 期初贷方余额 + 本期贷方发生额 - 本期借方发生额

在会计核算中除设置资产、负债和所有者权益账户外，还应当设置费用、成本账户和收入、利润账户。但从资金周转的角度来看，资金的耗用形成了费用和成本，而取得的收入和利润最终都会导致所有者权益的增加。因此，在账户结构上，费用、成本账户的结构就与资产账户的结构相同；而收入、利润账户的结构与负债和所有者权益账户的结构相同。但必须指出的是，费用、成本账户与收入、利润账户期末一般都要将余额转入进行损益汇总的"本年利润"账户，从而把账户结清，因此，这些账户在多数情况下没有余额。

以上所介绍的"T"字形账户格式，是一种简化形式。在实际工作中，账户的格式一般是三栏式的，即反映借方金额、贷方金额和余额的三栏，并在余额栏前面加"借或贷"一小栏表示余额的方向。除了这3个基本部分以外，账户还要登记下列资料：①账户名称（即会计科目）；②经济业务发生的日期和摘要；③记账的依据（凭证号数）。

五、填制和审核会计凭证

会计凭证是记录经济业务、明确经济责任、作为记账依据的书面证明。填制和审核会计凭证是为了保证会计记录完整、真实可靠，确定经济活动合理、合法而采用的一种专门方法，是会计核算的基础工作。每一项经济业务的发生都必须有合法有效的原始凭证作为证明，原始凭证经财务人员审核后，才能作为记账依据。会计凭证能够证明业务发生的真实性，能够明确经济责任转移的路径，能够说明会计确认和计量的结果。

六、登记账簿

登记账簿是以会计凭证为依据，将经济业务全面、系统、连续地记录到具有账户基本结构的账簿中去的一种专门方法。账簿是账户的具体存在形式，是会计资料的载体。登记账簿是对会计信息的使用者所需要的会计指标进行归类，采取一定的记账方法把所发生的经济业务按其发生顺序分门别类地进行登记。登记后还要定期进行结账和对账，使账簿记录与实际情况保持一致，为编制会计报表提供依据。

七、成本计算

成本计算是将与生产产品、提供劳务有关的各种耗费，按照一定的对象进行归集，从而确定各对象的总成本和单位成本的一种专门方法。

产品的生产过程，同时也是生产的耗费过程。要生产产品，就要发生各种耗费，这些耗费主要包括劳动对象的耗费、劳动手段的耗费以及劳动力的耗费。为生产一定种类、一定数量的产品所发生的直接材料费用、直接人工费用和制造费用的总和构成这些产品的生产成本。对日常发生的各项生产成本进行审核、控制、核算，并将已发生的生产成本进行归集、分配，最后按一定的成本计算对象计算出产品的成本。

八、财产清查

财产清查是指通过盘点实物及存款、核对账目来查明各项财产物资、货币资金、往来款项的实有数和账面数是否相符的一种会计核算的专门办法。通过财产清查，可以查明各项财产物资、债权债务、所有者权益的情况，监督各类财产物资的安全完整与合理使用，并为损益的计算提供正确的资料。

九、编制会计报表

编制会计报表是按照国家统一会计制度规定的财务报表格式和内容，根据登记完整、核对无误的会计账簿记录和其他有关资料定期总括地反映经济活动过程和结果的一种专门方法。编制财务报表必须以账簿记录为依据，经过整理而产生的一套完整的指标体系应做到内容完整、数字真实、计算准确，不得漏报或者任意取舍，应满足会计信息的使用者了解会计主体的财务状况和经营结果需要，为经营者决策提供依据。

第三章 农民专业合作社资产的核算

第一节 固定资产

一、固定资产的概念、计价、账户设置

(一) 固定资产的概念

指合作社的房屋、建筑物、机器、设备、工具、器具、农业基本建设设施等,凡使用年限在一年以上、单位价值在500元以上的列为固定资产。有些主要生产工具和设备,单位价值虽然低于规定标准,但使用年限在一年以上的资产,也可列为固定资产。

(二) 固定资产的计价

合作社的固定资产应当根据具体情况确定其入账价值。

(1) 购入的固定资产不需要安装的,按实际支付的买价加采购费、包装费、运杂费、保险费和缴纳的有关税金等计价;需要安装或改装的,还应加上安装费或改装费。

(2) 新建的房屋及建筑物、农业基本建设设施等固定资产,按竣工验收的决算价计价。

(3) 接受捐赠的全新固定资产,应按发票所列金额加上实际发生的运输费、保险费、安装调试费和应支付的相关税金等计价;无所附凭据的,按同类设备的市价加上应支付的相关

税费计价。接受捐赠的旧固定资产,按照经过批准的评估价值或双方确认的价值计价。

(4) 在原有固定资产基础上进行改造、扩建的,按原有固定资产的价值,加上改造、扩建工程而增加的支出,减去改造、扩建工程中发生的变价收入计价。

(5) 投资者投入的固定资产,按照投资各方确认的价值计价。

(6) 在建工程按实际消耗的支出或支付的工程价款计价。合作社的在建工程指尚未完工、或虽已完工但尚未办理竣工决算的工程项目。形成固定资产的在建工程完工交付使用后,计入固定资产。

(三) 账户设置

(1) "固定资产"账户属于资产类账户。"固定资产"账户的借方登记增加的固定资产原始价值,贷方登记减少的固定资产原始价值,账户期末余额在借方,反映合作社期末固定资产的账面原价。合作社应当设置"固定资产登记簿"和"固定资产卡片",按固定资产类别、使用部门和每项固定资产进行明细核算。

(2) "累计折旧"核算固定资产的累计折旧,即损耗价值。贷方登记按期计提的折旧,借方登记固定资产减少时转出的折旧,期末贷方余额反映现有资产已经计提的累计折旧。期末用"固定资产"的借方余额减去"累计折旧"的贷方余额为固定资产的净值。

(3) "固定资产清理账户"为资产类账户,固定资产出售、报废和毁损会造成固定资产的减少,合作社要设置"固定资产清理"科目,核算合作社因出售、捐赠、报废和毁损等原因转入清理的固定资产净值及其在清理过程中所发生的清理费用和清理收入。借方登记固定资产清理时，转入的固定资产账面价值及发生的清理费用，贷方登记转入的固定资产清理收入。期末借方余额反映尚未结转的固定资产清理净损失，期末贷方余额反映尚未转出的固定资产清理净收益。清理工作结束时应结清余额，借方余额转入"其他支出"账户，贷方余额转入"其他收入"账户，清理工作结束该账户无余额。此科目应进行明细分类核算

（4）"在建工程"账户是资产类账户，核算合作社购入需安装调试的固定资产和自行建造固定资产的成本。借方登记构建固定资产发生的各项成本，贷方登记建造完成并交付使用的固定资产成本，期末借方余额反映在建工程成本。需按工程项目设置明细账，进行明细核算。

二、固定资产增减的核算

（一）固定资产增加

1. 自行建造固定资产

合作社购入需要安装的固定资产，按其原价加上运输、保险、采购、安装等费用，借记"在建工程"科目，贷记"库存现金""银行存款""应付款"等科目。

合作社建造固定资产和兴建农业基本建设设施、购买专用物资以及发生工程费用，按实际支出，借记"在建工程"科目，贷记"库存现金""银行存款""产品物资"等科目。

合作社发包工程建设，根据合同规定向承包企业预付工程款，按实际预付的价款，借记"在建工程"科目，贷记"银行存款"等科目；以拨付材料抵作工程款的，应按材料的实际成本，借记"在建工程"科目，贷记"产品物资"等科目；将需要安装的设备交付承包企业进行安装时，应按该设备的成

本,借记"在建工程"科目,贷记"产品物资"等科目。

与承包企业办理工程价款结算,补付的工程款,借记"在建工程"科目,贷记"银行存款""应付款"等科目。合作社自营的工程,领用物资或产品时,应按领用物资或产品的实际成本,借记"在建工程"科目,贷记"产品物资"等科目。

工程应负担的工资等人员费用,借记"在建工程"科目,贷记"应付工资""成员往来"等科目。

购建和安装工程完成并交付使用时,借记"固定资产"科目,贷记"在建工程"科目。工程完成未形成固定资产的,借记"其他支出"等科目,贷记"在建工程"科目。"在建工程"科目期末借方余额,反映合作社尚未交付使用的工程项目的实际支出。

【例】粤强合作社自建养牛大棚,买入工程、建筑材料一批,银行存款支付50万元,开工后领用材料45万元,支付劳务费2万元(尚未付款),支付水电费1.5万元(现金支付):

a. 购入工程用材料:

借:产品物资　　　　　　　　　500 000
　　贷:银行存款　　　　　　　　500 000

b. 工程开工,领用建筑材料:

借:在建工程——自营工程　　　450 000
　　贷:产品物资　　　　　　　　450 000

c. 应付工程水电费:

借:在建工程——自营工程　　　15 000
　　贷:现金　　　　　　　　　　15 000

d. 应付劳务费20 000元:

借:在建工程——自营工程　　　20 000

贷：应付款　　　　　　　　20 000
　e. 工程验收合格，交付使用：
　借：固定资产——养牛大棚　　485 000
　　贷：在建工程　　　　　　　485 000
　2. 成员投入的固定资产
　　按确认的价值，借记"固定资产"科目，按经过批准的投资者拥有按合作社注册资本份额计算的资本金额，贷记"股金"科目，按照两者之间的差额，借记或贷记"资本公积"科目。
　　【例】成员张合投入全新农机一台，确认价格为2 500元，经过成员大会批准，张合拥有按合作社注册资本份额计算的资本金额为2 000元。
　借：固定资产　　　　　　　　2 500
　　贷：股金——社员张合　　　2 000
　　　　资本公积——社员张合　　 500
　3. 购入无需安装的固定资产
　　购入不需安装的固定资产，按原价加采购费、包装费、运杂费、保险费和相关税金等，借记"固定资产"科目，贷记"银行存款"等科目。
　　【例】购入不需安装的电脑10台，银行存款支付60 000元，现金支付运输费用200元。
　借：固定资产　　　　　　　　60 200
　　贷：银行存款　　　　　　　60 000
　　　　库存现金　　　　　　　　 200
　4. 接收捐赠的固定资产
　　按照所附发票列明金额加上应支付的相关税费，借记

"固定资产"科目,贷记"专项基金"科目;如果捐赠方未提供有关凭据,则按其市价或同类、类似固定资产的市场价格估计的金额,加上由合作社负担的运输费、保险费、安装调试费等作为固定资产成本,借记"固定资产"科目,贷记"专项基金"科目。收到捐赠的旧固定资产,按照经过批准的评估价值或双方确认的价值,借记"固定资产"科目,贷记"专项基金"科目。

【例】粤强合作社接受某科研单位捐赠农药残留化验新设备一台,估计市场价格70 000元,合作社现金支付运费1 000元,以银行存款支付安装费2 000元。

借:固定资产　　　　　　　　　　73 000
　　贷:专项基金　　　　　　　　　70 000
　　　　库存现金　　　　　　　　　 1 000
　　　　银行存款　　　　　　　　　 2 000

5. 国家项目资金形成的固定资产

合作社用国家财政资金建造固定资产,取得财政资金时,借记"银行存款"科目,贷记"专项应付款"科目;建造过程中的支出通过"在建工程"科目核算,交付使用后,转入"固定资产"科目,同时,借记"专项应付款"科目,贷记"资本公积"科目。

【例】粤强合作社得到冷库建设专项资金20万元,开工后购买工程材料10万元,设备15万元,建设中使用材料5万元,支出劳务费2万元,设备安装费1万元,工程水电费5 000元,验收后正常使用。

a. 取得国家资金:

借:银行存款　　　　　　　　　　200 000
　　贷:专项应付款　　　　　　　　200 000

b. 购买工程材料：

借：库存物资——工程材料　　100 000
　　贷：银行存款　　　　　　　100 000

c. 购买设备：

借：库存物资——冷库设备　　150 000
　　贷：银行存款　　　　　　　150 000

d. 开工领用材料：

借：在建工程　　　　　　　　100 000
　　贷：库存物资——工程材料　100 000

e. 支付劳务费、水电费：

借：在建工程　　　　　　　　 20 000
　　贷：银行存款　　　　　　　 20 000

借：在建工程　　　　　　　　　5 000
　　贷：银行存款　　　　　　　　5 000

f. 安装设备：

借：在建工程　　　　　　　　160 000
　　贷：库存物资——冷库设备　150 000
　　　　银行存款　　　　　　　 10 000

g. 验收，交付使用：

借：固定资产——冷库、设备　285 000
　　贷：在建工程　　　　　　　285 000

借：专项应付款　　　　　　　200 000
　　贷：资本公积　　　　　　　200 000

(二) 固定资产的减少

1. 对外投资投出固定资产

按确认的价值或者合同、协议约定的价值，借记"对外投资"科目，按已提折旧，借记"累计折旧"科目，按固定资产原价,贷记"固定资产"科目,按确认价或协议价与固定资产账面净值之间的差额,借记或贷记"资本公积"科目。

【例】高明荔枝合作社以机器一台投资本村一家企业,该机器账面原值 100 000 元,已经提取折旧 20 000 元,协议价值 90 000 元。

  借:对外投资   90 000
    累计折旧   20 000
    贷:固定资产   100 000
      资本公积   10 000

2. 固定资产出售、报废和毁损

固定资产出售、捐赠、报废和毁损的固定资产转入清理时,按账面净值。

借:固定资产清理
  应收款、成员往来(按由责任人或保险公司赔偿的金额)
  累计折旧(已提折旧)
  贷:固定资产(按固定资产原值)

【例】粤强专业合作社出售一台加工设备,账面原值 50 000 元,累计已提折旧 20 000 元,协议价 35 000 元,现金支付杂费 1 000 元。

a. 将固定资产转入清理,注销原价及累计折旧时:

  借:固定资产清理   30 000
    累计折旧   20 000
    贷:固定资产   50 000

b. 发生清理费用时:

  借:固定资产清理   1 000
    贷:现金   1 000

c. 收到出售设备收入时:

借：银行存款　　　　　　　　　　35 000
　　贷：固定资产清理　　　　　　35 000
d. 结转清理净收益时：
借：固定资产清理　　　　　　　　4 000
　　贷：其他收入　　　　　　　　4 000

3. **盘亏、盘盈的固定资产**

a. 盘亏：
借：其他支出（按账面原值）
　　累计折旧（已提折旧）
　　应收款（过失人赔偿）
　　贷：固定资产（按原值）

b. 盘盈：
借：固定资产
　　贷：其他收入

三、固定资产折旧、修理的核算

合作社必须建立固定资产折旧制度，按年、按季或按月提取固定资产折旧。一般来说，经济业务少的，可按年提取折旧；经济业务较多的，可按季或按月提取折旧。折旧的计算方法可在"平均年限法""工作量法"等方法中任选一种，但是一经选定，不得随意变动。提取折旧时，可以采用个别折旧率，也可以采用分类折旧率或综合折旧率计提。

合作社应计提折旧的固定资产主要包括：

（1）房屋和建筑物（不论是否使用）。

（2）在用的机械、机器设备、运输车辆、工具器具。

（3）季节性停用和大修理停用的固定资产。其中，季节性使用的固定资产，要在使用期内提足全年折旧。

（4）融资租入和以经营租赁方式租出的固定资产。

合作社不计提折旧的固定资产主要包括：

（1）房屋和建筑物以外的未使用、不需用的固定资产。

（2）以经营租赁方式租入和以融资租赁方式租出的固定资产。

（3）已提足折旧继续使用的固定资产。

（4）国家规定不提折旧的其他固定资产。

合作社固定资产应当按期计提折旧，并根据用途分别计入相关资产成本或当期费用。合作社在实际计提固定资产折旧时当期增加的固定资产，当期不提折旧，从下期起计提折旧；当期减少的固定资产当期仍提折旧，从下期起停止计提折旧。固定资产提足折旧后，不论能否继续使用，均不再提取折旧；提前报废的同定资产，也不再补提折旧。处于更新改造过程中而停止使用的固定资产，因已经转入在建工程，不计提折旧，待更新改造项目达到预计可使用状态转为固定资产后，再按重新确定的折旧方法和尚可使用的年限计提折旧。

合作社应设置"累计折旧"账户，生产经营用的固定资产计提的折旧，借记"生产成本"账户，贷记"累计折旧"；管理用的固定资产计提的折旧，借记"管理费用"账户，贷记"累计折旧"；用于公益性用途的固定资产计提的折旧，借记"其他支出"科目，贷记"累计折旧"。合作社固定资产的修理费用直接计入有关支出项目。

【例】粤强合作社应计提固定资产折旧 14 000 元，其中，生产经营用固定资产折旧 12 000 元，管理用固定资产 2 000 元。

借：生产成本   12 000
  管理费用   2 000
  贷：累计折旧   14 000

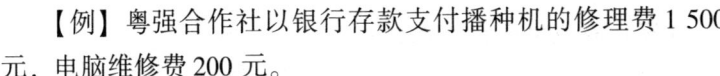

【例】粤强合作社以银行存款支付播种机的修理费1 500元，电脑维修费200元。

借：经营支出　　　　　　　　　1 500
　　管理费用　　　　　　　　　　 200
　　贷：银行存款　　　　　　　　1 700

第二节　农业资产的核算

一、农业资产概述

（一）概念

农业资产是指具有生命特征的生物资产，其自身价值与创造价值的能力随生命周期不断改变，合作社的农业资产包括牲畜（禽）资产和林木资产等。

（二）农业生产的计价

农业资产一般按以下3种方法计价。

（1）原始价值。指购入农业资产的买价及相关税费的总额，是实际发生并有支付凭证的支出。如果是自产幼畜，则为相关期间的生产成本。

（2）饲养价值、管护价值和培植价值。饲养价值是指幼畜及育肥畜成龄前发生的饲养费用；管护价值是指经济林木投产后发生的管护费用；培植价值是指经济林木投产前及非经济林木郁闭前发生的培植费用。

（3）摊余价值。指农业资产的原始价值加饲养价值或培植价值减去农业资产的累计摊销后的余额。摊余价值反映农业资产的现有价值。

(三) 农业生产的计价原则

农业资产具有特殊的生物性,其价值随着生物的出生、成长、衰老、死亡等自然规律和生产经营活动不断变化。适应这一特点,合作社财务会计制度规定了农业资产的计价原则。

(1) 购入的农业资产按照购买价及相关税费等计价。

(2) 幼畜及育肥畜的饲养费用、经济林木投产前的培植费用、非经济林木郁闭前的培植费用按实际成本计入相关资产成本。

(3) 产役畜、经济林木投产后,应将其成本扣除预计残值后的部分在其正常生产周期内按直线法分期摊销,预计净残值率按照产役畜、经济林木成本的5%确定。

(4) 已提足折耗但未处理仍继续使用的产役畜、经济林木不再摊销。

(5) 农业资产死亡毁损时,按规定程序批准后,按实际成本扣除应由责任人或者保险公司赔偿的金额后的差额,计入其他收支。

二、牲畜(禽)资产的核算

牲畜(禽)资产分幼畜及育肥畜和产役畜两类。为了准确核算合作社购入或培育的牲畜(禽)的成本,合作社应设置"牲畜(禽)资产"账户,该账户为资产类账户。账户的借方登记增加的牲畜(禽)资产的成本,贷方登记减少的牲畜(禽)资产成本,以及成本的摊销,期末余额在借方,反映合作社幼畜及育肥畜和产役畜的账面余额。该账户应设置"幼畜及育肥畜"和"产役畜"两个二级账户,按牲畜(禽)的种类设置三级明细账户,进行明细核算。

合作社购入幼畜及育肥畜时,按购买价及相关税费,借记

"牲畜（禽）资产"账户（幼畜及育肥畜），贷记"库存现金""银行存款""应付款"等账户；发生的饲养费用，借记本科目（幼畜及育肥畜），贷记"应付工资""产品物资"等账户。

幼畜成龄转作产役畜时，按实际成本，借记"牲畜（禽）资产"账户（产役畜），贷记本科目（幼畜及育肥畜）。

产役畜的饲养费用不再记入本账户，借记"经营支出"账户，贷记"应付工资""产品物资"等账户。

产役畜的成本扣除预计残值后的部分应在其正常生产周期内，按照直线法分期摊销，借记"经营支出"账户，贷记"牲畜（禽）资产"账户（产役畜）。

幼畜及育肥畜和产役畜对外销售时，按照实现的销售收入，借记"库存现金""银行存款""应收款"等账户，贷记"经营收入"账户；同时，按照销售牲畜的实际成本，借记"经营支出"科目，贷记"牲畜（禽）资产"账户。

以幼畜及育肥畜和产役畜对外投资时，按照合同、协议确定的价值，借记"对外投资"账户，贷记"牲畜（禽）资产"账户，合同或协议确定的价值与牲畜资产账面余额之间的差额，借记或贷记"资本公积"账户。

牲畜死亡毁损时，按规定程序批准后，按照过失人及保险公司应赔偿的金额，借记"成员往来""应收款"账户，如发生净损失，则按照扣除过失人和保险公司应赔偿金额后的净损失，借记"其他支出"账户，按照牲畜资产的账面余额，贷记"牲畜（禽）资产"账户；如产生净收益，则按照牲畜资产的账面余额，贷记"牲畜（禽）资产"账户，同时按照过失人及保险公司应赔偿金额超过牲畜资产账面余额的金额，贷记"其他收入"账户。

【例】从化奶牛养殖专业合作社发生如下牲畜（禽）资产的业务，编制会计分录如下：

a. 购入幼牛200头，每头价格800元，以银行存款支付：

借：牲畜（禽）资产——幼畜（牛）　　　　160 000
　　贷：银行存款　　　　　　　　　　　　160 000

b. 发生幼牛饲养费用40 000元，应付工资15 000元，饲料费25 000元：

借：牲畜（禽）资产——幼畜（牛）　　　　40 000
　　贷：应付工资　　　　　　　　　　　　15 000
　　　　产品物资——饲料　　　　　　　　25 000

c. 200头幼牛成年，转为产役畜，预计产奶8年：

借：牲畜（禽）资产——产役畜（牛）　　　200 000
　　贷：牲畜（禽）资产——幼畜（牛）　　200 000

d. 幼牛转为产役畜后，发生了应付人工费20 000元，饲料费30 000元：

借：经营支出　　　　　　　　　　　　　　50 000
　　贷：产品物资　　　　　　　　　　　　30 000
　　　　应付工资　　　　　　　　　　　　20 000

e. 每月摊销奶牛的成本：

每月摊销的金额 = 200 000 × (1 − 5%)/8/12 = 1 979.17

借：经营支出　　　　　　　　　　　　　　1 979.17
　　贷：牲畜（禽）资产——产役畜（牛）　1 979.17

f. 奶牛死亡1头，责任人赔偿200元，保险公司查明后赔偿300元，该头奶牛的账面价值余额为700元。

借：应收款——保险公司　　　　　　　　　300
　　　　　——张某　　　　　　　　　　　200
　　其他支出　　　　　　　　　　　　　　200

贷：牲畜（禽）资产——产役畜（牛）　　　700

三、林木资产的核算

林木资产分经济林木和非经济林木两类。合作社应设置"林木资产"账户，该账户为资产类账户，账户的借方登记增加的林木资产的成本，贷方登记减少的林木资产的成本，期末余额在借方，反映合作社购入或营造林木的账面余额。本账户应设置"经济林木"和"非经济林木"两个二级账户，按林木的种类设置三级账户，进行明细核算。

合作社购入经济林木时，按购买价及相关税费，借记"林木资产"账户（经济林木），贷记"库存现金""银行存款""应付款"等账户；购入或营造的经济林木投产前发生的培植费用，借记"林木资产"账户（经济林木），贷记"应付工资""产品物资"等账户。

经济林木投产后发生的管护费用，不再记入"林木资产"账户，借记"经营支出"账户，贷记"应付工资""产品物资"等账户。

经济林木投产后，其成本扣除预计残值后的部分应在其正常生产周期内，按照直线法摊销，借记"经营支出"账户，贷记"林木资产"账户（经济林木）。合作社购入非经济林木时，按购买价及相关税费，借记"林木资产"账户（非经济林木），贷记"库存现金""银行存款""应付款"等账户；购入或营造的非经济林木在郁闭前发生的培植费用，借记本科目（非经济林木），贷记"应付工资""产品物资"等账户。

非经济林木郁闭后发生的管护费用，不再记入林木资产，借记"其他支出"科目，贷记"应付工资""产品物资"等账户。

林木采伐出售时，按照实现的销售收入，借记"库存现金""银行存款""应收款"等科目，贷记"经营收入"账户；同时，按照出售林木的实际成本，借记"经营支出"科目，贷记"林木资产"账户。

以林木对外投资时，按照合同、协议确定的价值，借记"对外投资"账户，贷记"林木资产"账户，合同或协议确定的价值与林木资产账面余额之间的差额，借记或贷记"资本公积"账户。

林木死亡毁损时，按规定程序批准后，按照过失人及保险公司应赔偿的金额，借记"成员往来""应收款"账户，如发生净损失，则按照扣除过失人和保险公司应赔偿金额后的净损失，借记"其他支出"账户，按照林木资产的账面余额，贷记"林木资产"账户；如产生净收益，则按照林木资产的账面余额，贷记"林木资产"账户，同时按照过失人及保险公司应赔偿金额超过林木资产账面余额的金额，贷记"其他收入"账户。

【例】某林业合作社的有关林木资产业务及会计分录为：

a. 购买柚子果树苗12 000元，对方代垫运费500元，以银行存款支付。

借：林木资产——经济林木（柚树）　　　　12 000
　　贷：银行存款　　　　　　　　　　　　12 000

b. 培植树苗共发生费用2 500元，其中：人工700元，化肥1 500元，农药300元。

借：林木资产——经济林木（柚树）　　　　2 500
　　贷：应付工资　　　　　　　　　　　　　700
　　　　产品物资——化肥　　　　　　　　1 500
　　　　　　　　——农药　　　　　　　　　300

c. 投产投产后当月管护费用 1 400 元，其中：应付人工费 1 200 元，化肥 150 元，农药 50 元。

借：经营支出　　　　　　　　　　　　　1 400
　　贷：应付工资　　　　　　　　　　　　1 200
　　　　产品物资——化肥　　　　　　　　150
　　　　　　　　——农药　　　　　　　　 50

d. 摊销已经投产的果树成本，假设成本为 16 000 元，预计正常产果 5 年。

月摊销额 = 16 000/5/12 = 266.67 元

借：经营支出　　　　　　　　　　　　　266.67
　　贷：林木资产——经济林木（柚树）　 266.67

e. 用一批樱桃树对外投资，这批树成本为 10 000 元。

借：对外投资　　　　　　　　　　　　　10 000
　　贷：林木资产——经济林木（柚树）　 10 000

f. 因发生大火，烧毁了非经济林木杨树 5 亩，其账面价值 10 000 元。保险公司同意赔偿 80%，管理人员李某赔偿 10%。

借：应收款——保险公司　　　　　　　　8 000
　　成员往来——李某　　　　　　　　　1 000
　　其他支出　　　　　　　　　　　　　1 000
　　贷：林木资产——非经济林木（杨树）10 000

第三节　货币资金、存货、应收账款

一、货币资金

货币资金包括现金和银行存款。合作社必须根据有关法律法规，结合实际情况，建立健全货币资金内部控制制度。合作社应当建立货币资金业务的岗位责任制,明确相关部门和岗位的职责权限。明确审批人和经办人对货币资金业务的权限、程序、责任和相关控制措施。

(一) 库存现金

合作社取得的所有现金应及时入账,不准以白条抵库,不准挪用,不准公款私存。合作社要及时、准确地核算现金收入、支出和结存,做到账款相符。要定期或不定期清点核对现金,要定期与银行核对账目。支票和财务印鉴不得由同一人保管。

合作社应设置"库存现金"账户。该账户的借方登记现金的增加,贷方登记现金的减少,期末余额在借方,反映合作社实际持有库存现金的余额。

1. 合作社的现金收入

【例】粤强专业合作社从市建设银行提取现金2 000元备用。

借:现金　　　　　　　　　　2 000
　　贷:银行存款　　　　　　　2 000

【例】粤强专业合作社出售灵芝30 000元。

借:现金　　　　　　　　　　30 000
　　贷:经营收入　　　　　　　30 000

合作社出纳员应根据会计凭证登记"现金日记账"和"银行存款日记账",会计人员应登记"库存现金"和"银行存款"总账。

注意:为避免重复记账。合作社涉及的从银行提取现金和将现金送存银行的业务,只需要编制付款凭证,不要编制收款凭证。

2. 合作社的现金支出

【例】粤强专业合作社，以现金36 000元购入产品物资一批。

借：产品物资　　　　　　　　　36 000
　　贷：库存现金　　　　　　　　36 000

出纳员应根据会计凭证登记"现金日记账"，会计人员登记"产品物资"总账，仓库管理员登记产品物资明细账。

3. 现金盘点

a. 现金溢余：

借：现金
　　贷：其他收入
　　　　应付款等

b. 现金短缺：

借：内部往来、应收款
　　其他支出
　　贷：现金

（二）银行存款

合作社应设置"银行存款"账户，借方登记合作社存入银行的款项，贷方登记银行存款减少的金额，期末借方余额，反映合作社实际存在银行的款项。本账户应按不同银行的名称设置明细科目，进行明细核算。

【例】粤强专业合作社将5 000元现款存入市建设银行。

借：银行存款　　　　　　　　　5 000
　　贷：库存现金　　　　　　　　5 000

此项业务，出纳应"银行存款日记账"和"现金日记账"；会计人员应登记"银行存款"和"库存现金"总账。

【例】丰盛水果合作社售出荔枝一批，收到 30 000 元，转存银行。

　　借：银行存款　　　　　　　　　30 000
　　　　贷：经营收入　　　　　　　　30 000

【例】粤强专业合作社代销产品收入 60 000 元，协议价 40 000 元。

　　借：银行存款　　　　　　　　　60 000
　　　　贷：代销产品　　　　　　　　40 000
　　　　　　经营收入　　　　　　　　20 000

出纳应根据凭证登记"银行存款日记账"；会计人员应根据原始凭证及收款凭证登记"受托代销商品""经营收入"总账和所属明细账。

【例】某种植专业合作社购买农药一批，价款 2 500 元以银行存款支付。该项业务导致合作社产品物资增加，银行存款减少，会计分录为：

　　借：产品物资　　　　　　　　　2 500
　　　　贷：银行存款　　　　　　　　2 500

出纳应根据凭证登记"银行存款日记账"；会计人员应根据凭证登记"产品物资"总账和所属明细账；财产保管人员登记各有关明细账。

二、存货的核算

合作社的存货包括种子、化肥、燃料、农药、原材料、机械零配件、低值易耗品、在产品、农产品、工业产成品、受托代销商品、受托代购商品、委托代销商品和委托加工物资等。设立"产品物资""委托加工物资""委托代销商品"和"受托代购商品""受托代销商品"等会计科目。

存货计价方法：
(1) 购入的物资按照买价加各种杂费计价。
(2) 受托代购商品视同购入的物资来计价。
(3) 自产入库的成品，按生产过程中发生的实际支出计价。
(4) 委托加工物资，按实际成本加各种杂费计价。
(5) 受托代销商品按协议价格计价。
(6) 委托代销商品按实际成本计价。

领用或出售的出库存货成本的确定，可在"先进先出法""加权平均法""个别计价法"等方法中任选一种，但不得随意变动。

(一) 存货的清查盘点

(1) 盘亏和毁损产品物资：
借：内部往来、应收款（责任人或保险公司赔偿）
　　其他支出（净损失）
　　贷：产品物资

(2) 盘盈物资：
借：产品物资
　　贷：其他收入

(二) 产品物资的核算

(1) 自产物资入库：按实际成本，借记"产品物资"，贷记"生产成本""委托加工物资"等会计科目。

【例】合作社的自产蜂蜜入库，成本40 000元。
借：产品物资　　　　　　　　　40 000
　　贷：生产成本　　　　　　　40 000

(2) 产品物资销售：按实现的销售收入，借记"库存现金""银行存款""应收款"等账户，贷记"经营收入"账户；按销售产品物资的实际成本，借记"经营支出"账户，贷记"产品物资"账户。产品物资领用时，借记"生产成本""在建工程""管理费用"等账户，贷记"产品物资"账户。

【例】合作社对外销售上例的一半蜂蜜，价格3万元。

借：银行存款　　　　　　　　30 000
　　贷：经营收入　　　　　　　30 000

月底结转成本：

借：经营支出　　　　　　　　20 000
　　贷：产品物资　　　　　　　20 000

（3）购入产品物资：按实际支付或应付价格，借记"产品物资"科目，贷记"库存现金""银行存款""成员往来""应付款"等。

【例】收购社员张合木耳一批，价格6 000元，价款尚未支付：

借：产品物资　　　　　　　　6 000
　　贷：成员往来——社员李平　6 000

销售这批木耳，实现收入7 000元，款项存银行。

借：银行存款　　　　　　　　7 000
　　贷：经营收入　　　　　　　7 000

a. 结转商品成本时：

借：经营支出　　　　　　　　6 000
　　贷：产品物资　　　　　　　6 000

b. 支付社员张合结算款时：

借：成员往来——社员张合　　5 000
　　贷：银行存款　　　　　　　5 000

（4）领用物资时，借记"生产成本""在建工程""管理费用"等科目，贷记"产品物资"科目。

【例】合作社领用蜂蜜，1万元。
借：生产成本　　　　　　　　　　10 000
　　贷：产品物资——蜂蜜　　　　10 000

（5）农产品的核算：农产品的成本，如为1年生的作物，包括生产周期内的各项实际支出（种子、化肥、人工等），如为多年生的作物，如柚子，在投产期前，各项实际支出计入农业资产价值，投产后，如明确收获农产品，相关费用则计入该期农产品的成本，否则计入经营支出。

【例】金和合作社种植水稻，种子、化肥、人工共5 000元（其中人工2 000元），收获水稻5 000千克。
借：生产成本　　　　　　　　　　5 000
　　贷：产品物资　　　　　　　　3 000
　　　　应付工资　　　　　　　　2 000
借：产品物资——水稻　　　　　　5 000
　　贷：生产成本　　　　　　　　5 000

【例】梅强柚子合作社5年前承包地50亩种植柚子，支出物资8万元，从2014年起算进入生产周期，周期为8年，2014年支出物资1.5万元，工资0.5万元。2015年收获柚子5 000千克。

a. 投产前的各项支出，计入农业资产的价值：
借：林木资产——柚子树　　　　　80 000
　　贷：库存物资　　　　　　　　80 000

b. 进入生产周期，各项支出计入成本：
借：生产成本　　　　　　　　　　20 000
　　贷：产品物资　　　　　　　　15 000
　　　　应付工资　　　　　　　　5 000

c. 2015年摊销柚子树价值：
借：产品物资——柚子　　　　　　20 000

贷：生产成本　　　　　　　　　　20 000

d. 本年摊销折旧，80 000 × (1 - 5%) ÷ 8 = 9 500 元

借：经营支出　　　　　　　　　　　9 500

　　　贷：林木资产——柚子树　　　　9 500

e. 销售产品，12 万元：

借：银行存款　　　　　　　　　　120 000

　　　贷：经营收入　　　　　　　　120 000

f. 期末结转成本：

借：经营支出　　　　　　　　　　 15 000

　　　贷：产品物资——柚子　　　　 15 000

(三) 委托加工物资的核算

发给外单位加工的物资，按委托加工物资的实际成本，借记"委托加工物资"账户，贷记"产品物资"等账户；按合作社支付该项委托加工的全部费用（加工费、运杂费等），借记"委托加工物资"账户，贷记"库存现金""银行存款"等账户；加工完成验收入库的物资，按加工收回物资的实际成本和剩余物资的实际成本，借记"产品物资"等账户，贷记"委托加工物资账户"。

【例】新兴凉果合作社委托外加工盒子一批，发出的半成品成本 60 000 元，加工费 4 500 元及运杂费 500 元。

a. 发出外加工物资：

借：委托加工物资——A 公司　　　60 000

　　　贷：产品物资　　　　　　　　60 000

b. 支付加工费用：

借：委托加工物资　　　　　　　　 4 500

　　　贷：银行存款　　　　　　　　 4 500

c. 支付运杂费：

借：委托加工物资　　　　　　　　500
　　贷：银行存款　　　　　　　　500
d. 收回委托加工物资：
借：产品物资——包装盒　　　65 000
　　贷：委托加工物资　　　　65 000

（四）委托代销商品的核算

发给外单位销售的商品时，按委托代销商品的实际成本，借记"委托代销商品"，贷记"产品物资"等账户；收到代销单位报来的代销清单时，按应收金额，借记"应收款"账户，按应确认的收入，贷记"经营收入"账户；按应支付的手续费等，借记"经营支出"账户，贷记"应收款"账户；同时，按代销商品的实际成本（或售价），借记"经营支出"等账户，贷记"委托代销商品"；收到代销款时，借记"银行存款"等科目，贷记"应收款"科目。

【例】高山养殖合作社委托家乐福超市销售腊肠 1 000 箱。每箱成本为 30 元，售价每箱 40 元。超市按销售收入的 5% 收取手续费。

a. 发出腊肠时：
借：委托代销商品　　　　　　30 000
　　贷：产品物资　　　　　　30 000
b. 收到超市的销售清单：
借：应收款——家乐福　　　　40 000
　　贷：经营收入　　　　　　40 000
c. 提取手续费：
借：经营支出　　　　　　　　2 000
　　贷：应收款——家乐福　　2 000
d. 结转成本时：

借：经营支出　　　　　　　　　　　30 000
　　贷：委托代销商品　　　　　　　 30 000
e. 实际收到销售款：
借：银行存款　　　　　　　　　　　38 000
　　贷：应收款——家乐福　　　　　 38 000

（五）受托代销商品的核算

帮助成员销售产品是合作社的重要服务项目，应按约定的价格，借记"受托代销商品"，贷记"成员往来"等科目；合作社售出受托代销商品时，按实际收到的价款，借记"库存现金""银行存款"等科目，按合同或协议约定的价格，贷记"受托代销商品"，如果实际收到的价款大于合同或协议约定的价格，按其差额，贷记"经营收入"等科目；如果实际收到的价款小于合同或协议约定的价格，按其差额，借记"经营支出"等科目；合作社给付委托方代销商品款时，借记"成员往来"等科目，贷记"库存现金""银行存款"等科目。

【例】新兴合作社帮助社员王乐代销米粉50箱，约定价格每箱50元，货物售出后结账。合作社当月对外销售，每箱70元，货款存入银行，现金支付王乐。

a. 收到王乐产品时：
借：受托代销商品　　　　　　　　　2 500
　　贷：成员往来——社员王乐　　　 2 500
b. 售出米粉：
借：银行存款　　　　　　　　　　　3 500
　　贷：受托代销商品　　　　　　　 2 500
　　　　经营收入　　　　　　　　　 1 000
c. 与王乐结算：
借：成员往来——社员王乐　　　　　2 500

贷：库存现金　　　　　　　　2 500

（六）受托代购商品的核算

帮助成员代购物资是合作社重要的服务内容，收到受托代购物资款时，借记"库存现金""银行存款"等账户，贷记"成员往来"等账户；合作社受托采购物资时，按采购物资的价款，借记"受托代购商品"账户，贷记"库存现金""银行存款""应付款"等账户；合作社将受托代购物资交付给委托方时，按代购物资的实际成本，借记"成员往来""应付款"等科目，贷记"受托代购商品"；如果受托代购物资收取手续费，按应收取的手续费，借记"成员往来"等账户，贷记"经营收入"账户。收到手续费时，借记"库存现金""银行存款"等账户，贷记"成员往来"等账户。

【例】惠农蔬菜合作社，为社员统一购买化肥3吨，为非本社社员购买化肥1吨，每吨价格3 000元。合作社收取社员每吨200元手续费，非社员每吨收取250元手续费。

a. 接受委托，收到代购款存入银行时：

借：银行存款　　　　　　　　12 850
　　贷：成员往来　　　　　　　9 600
　　　　应付款　　　　　　　　3 250

b. 代购化肥：

借：受托代购商品　　　　　　12 000
　　贷：银行存款　　　　　　　12 000

c. 代购物资交付：

借：成员往来　　　　　　　　9 600
　　应付款　　　　　　　　　3 250
　　贷：受托代购商品　　　　　12 000
　　　　经营收入　　　　　　　850

三、应收款项核算

合作社的应收账款分为两类:一是以"应收款"核算,反映合作社与非成员之间发生的各种应收以及暂付款项,为外部应收款。二是以"成员往来"科目核算,反映合作社与其成员的经济往来业务,为内部应收款。

(一) 外部应收款的核算

合作社应设置外部应收款,通过"应收款"账户核算。该账户借方登记合作社发生各种应收及暂付款项,贷方登记已经收回或转销的应收款及暂付款,期末借方余额反映合作社尚未收回的应收及暂付款项。本账户应按应收及暂付款项的单位和个人设置明细科目,进行明细核算。

合作社发生各种应收及暂付款项时,借记"应收款",贷记"经营收入""库存现金""银行存款"等账户;收回款项时,借记"库存现金""银行存款"等账户,贷记"应收款"。取得用暂付款购得的产品物资、劳务时,借记"产品物资"等科目,贷记本账户。对确实无法收回的应收及暂付款项,按规定程序批准核销时,借记"其他支出"账户,贷记"应收款"。

1. 业务发生

【例】合作社为社员代销荔枝一批,约定价格5万元,合作社以6万元的价格销售给伊利公司,货款尚未收到。

  借:应收款——伊利公司 60 000
    贷:受托代销商品   50 000
      经营收入   10 000
  合作社收到伊利公司款项:
  借:银行存款   60 000

贷：应收款——伊利公司　　　　60 000

2. 预付款项

合作社预付款项用于购买产品物资、劳务，借记"应收款"科目，贷记"银行存款"科目；收到产品物资、劳务，借记"产品物资"等科目，贷记"应收款"科目。

【例】合作社预付亚蔬种业公司种子款 2 万元。

a. 预付款时：

　　借：应收款——亚蔬种业　　　　20 000
　　　　贷：银行存款　　　　　　　20 000

b. 收到小麦种子：

　　借：产品物资——小麦种子　　　20 000
　　　　贷：应收款——亚蔬种业　　20 000

3. 坏账处理

对于确实无法收回的应收及暂付款项，应借记"其他支出"科目，贷记"应收款"科目。

【例】合作社给欧亚公司打种子款 1 万元，发生纠纷，此笔款项变为坏账。

　　借：其他支出　　　　　　　　　10 000
　　　　贷：应收款——欧亚公司　　10 000

（二）内部应收款的核算

合作社内部应收和应付款项的发生、收回、偿还和结存通过"成员往来"账户核算，该账户是一个双重性质的账户，凡是合作社与所属单位和成员发生的经济往来业务，都通过本账户进行会计核算。它既核算合作社与所属单位、社员的各种应收及暂付款项，也核算合作社内部发生的各种应付及暂收款项。账户借方登记合作社与所属单位和成员发生的各种应收及暂付款项和偿还的应付及暂收款项，贷方核算各种应付及暂收款项业务及收回的应收及暂付款项。

本账户应按合作社成员设置明细账户，进行明细核算。下属各明细账户的期末借方余额合计数反映成员欠合作社的款项总额；期末贷方余额合计数反映合作社欠成员的款项总额。各明细账户年末借方余额合计数应在资产负债表"应收款项"中反映；年末贷方余额合计数应在资产负债表"应付款项"中反映。

合作社与其成员发生应收款项和偿还应付款项时，借记"成员往来"，贷记"现金""银行存款"等账户；收回应收款项和发生应付款项时，借记"现金""银行存款"等账户，贷记"成员往来"。

【例】合作社为社员张一代购种子，价格1万元。

a. 收到张一现金1万元：

借：银行存款　　　　　　　　　　10 000
　　贷：成员往来——社员张一　　10 000

b. 代购完成，付款8 000元：

借：成员往来——社员张一　　　　10 000
　　贷：银行存款　　　　　　　　 8 000
　　　　经营收入　　　　　　　　 2 000

【例】合作社社员张星归还借款2万元，收取利息800元。

借：银行存款　　　　　　　　　　20 800
　　贷：成员往来——社员张星　　20 000
　　　　其他收入——资金互助收入　 800

【例】兴罗联合社盈余分配时，成员金启萝卜合作社按交易额分配可分10万元，按股本分配可分6万元。

借：盈余分配——未分配盈余　　　　　　　　160 000
　　贷：应付盈余返还——成员金启萝卜合作社 100 000

应付剩余盈余——成员金启萝卜合作社　60 000
将所有成员应收、应付款项转入成员往来：
借：应付盈余返还——成员金启萝卜合作社　100 000
　　应付剩余盈余——成员金启萝卜合作社　　60 000
　贷：内部往来——成员金启萝卜合作社　　160 000

第四节　无形资产

一、无形资产的含义

（一）无形资产的概述

合作社的无形资产是指合作社长期使用但是没有实物形态的资产，包括专利权、商标权、非专利技术等。无形资产按取得时的实际成本计价，并从使用之日起，按照不超过10年的期限平均摊销，计入管理费用。转让无形资产取得的收入，计入其他收入；转让无形资产的成本，计入其他支出。

（二）无形资产的初始计量

1. 接受投资转入无形资产

接受投资转入的无形资产，应以投资各方确认的价值作为入账价值。一般情况下，合作社接受投资转入的无形资产，其入账价值按投资各方确认的价值确定。

2. 接受捐赠取得无形资产

合作社接受捐赠无形资产，其入账价值应分别按下列情况确定：捐赠方提供了有关凭证的，按凭证上标明的金额加上应支付的相关税费确定。捐赠方没有提供相关凭证的，按同类或类似无形资产的市场价值加上应支付的相关税费确定。

3. 自行开发无形资产

合作社自行开发并依法申请取得的无形资产,其入账价值应按依法取得时发生的注册费、律师费等费用确定;依法申请取得前发生的研究与开发费用,应于发生时确认为当期费用。已经计入各期费用的研究与开发费用,在该项无形资产获得成功并依法申请取得专利时,不得再将原已计入费用的研究与开发费用予以资本化。无形资产在确认后发生的支出,应在发生时计入当期损益。

4. 外购无形资产

合作社购入的无形资产,应以实际支付的价款作为入账价值。如果无形资产是与其他资产一同购入的,则应依据所购入各单项资产公允价值的相对比例,将总成本进行分配以确定无形资产和其他资产的入账价值。

二、无形资产的取得与摊销

(一) 无形资产的取得

【例】华南养猪专业合作社发生以下业务。

a. 购入一项非专利生产技术,作价 10 000 元。

借:无形资产——非专利技术　　　　　10 000
　　贷:银行存款　　　　　　　　　　　10 000

b. 注册商标,费用 20 000 元:

借:无形资产——商标　　　　　　　　20 000
　　贷:银行存款　　　　　　　　　　　20 000

c. 社员李云以专利权入股,作价 20 000 元,协商约定享受注册资本 10 000 元。

借:无形资产——专利权　　　　　　　20 000

贷：股金——李云　　　　　　　　10 000
　　　　资本公积　　　　　　　　　　10 000

d. 自行研制一项配方技术，研究费用 20 000 元（人工 10 000 元，材料费 10 000 元），注册费 5 000 元。

　　借：无形资产　　　　　　　　　　5 000
　　　　贷：银行存款　　　　　　　　5 000
　　借：管理费用　　　　　　　　　　2 0000
　　　　贷：应付工资　　　　　　　　10 000
　　　　　　产品物资　　　　　　　　10 000

（二）无形资产的摊销

无形资产摊销是将无形资产的入账价值在其预计可使用年限内逐期转入费用的过程，无形资产从使用之日起，按直线法分期平均摊销，摊销年限不应超过 10 年。合作社在对无形资产价值进行摊销时，应将相关的摊销价值计入管理费用。摊销时，借记"管理费用"科目，贷记"无形资产"科目。

【例】合作社取得的某材料加工专利 50 000 元，按 5 年平均摊销，每年应摊销的价值为 10 000 元，若每年摊销一次，会计分录为：

　　借：管理费用——无形资产摊销　　10 000
　　　　贷：无形资产——某材料加工技术　10 000

三、无形资产的出租和出售

合作社出租无形资产所取得的租金收入，应记入"其他收入"科目，取得租金收入时，借记"银行存款"等科目，贷记"其他收入"科目；结转出租无形资产的成本时，借记"其他支出"科目，贷记"无形资产"科目。合作社出售无形资产，按实际取得的转让价款，借记"银行存款"等科目，按照无形资产的账面余额，贷记"无形资产"科目，按应支付的相关税费，贷记"银行存款"等科目，按其差额，贷记"其他收入"或借记"其他支出"科目。

【例】合作社转让材料加工技术，该无形资产账面余额为80 000元，实际转让费100 000元。

  借：银行存款   100 000
    贷：无形资产——某材料加工技术 80 000
     其他收入   20 000

第五节　对外投资

一、对外投资的核算

对外投资是指合作社根据国家法律、法规规定，可以采用货币资金、实物资产或者购买股票、债券等有价证券方式向其他单位投资。

合作社应设置"对外投资"账户，核算合作社持有的各种对外投资，该账户为资产类账户。账户的借方登记合作社的各种对外投资的金额，包括股票投资、债券投资和合作社兴办企业等投资。账户的贷方登记收回对外投资的金额。账户期末借方余额，反映合作社对外投资的实际成本。

合作社以现金或实物资产（含牲畜和林木）等方式进行对外投资时，按照实际支付的价款或合同、协议确定的价值，借记"对外投资"账户，贷记"现金""银行存款"等账户，协议约定的实物资产价值与原账面余额之间的差额，借记或贷记"资本公积"账户；收回投资时，按实际收回的价款或价值，借记"现金""银行存款"等账户，按投资的账面余额，贷记"对外投资"账户，实际收回的价款或价值与账面余额的差额，借记或贷记"投资收益"账户。

获得分配股利或利润时，借记"应收款"等账户，贷记"投资收益"等账户；实际收到现金股利或利润时，借记"库存现金""银行存款"等账户，贷记"应收款"账户；获得股票股利时，不作账务处理，但应在备查簿中登记所增加的股份；投资发生损失时，按照应由责任人和保险公司赔偿的金额，借记"应收款""成员往来"等账户，按照扣除由责任人和保险公司赔偿的金额后的净损失，借记"投资收益"账户，按照发生损失对外投资的账面余额，贷记"对外投资"账户。

【例】合作社购买股票1 000股，股票价格35元，打算长期持有，购买时，手续费1 500元，款项均以银行存款支付。

a. 实际支付款项时：

借：对外投资——股票投资　　　　36 500
　　贷：银行存款　　　　　　　　3 6500

b. 获得分配现金股利，每股2元：

借：应收款——应收股利　　　　　2 000
　　贷：投资收益　　　　　　　　2 000

c. 合作社收到发放的股利2 000元：

借：银行存款　　　　　　　　　　2 000
　　贷：应收款——应收股利　　　　2 000

d. 合作社决定卖出股票，售价60 000元，款收到并存入银行：

借：银行存款　　　　　　　　　　60 000
　　贷：对外投资——股票投资　　　36 500
　　　　投资收益　　　　　　　　23 500

【例】合作社于2010年7月1日购买当年1月1日发行的

两年期到期一次还本付息、面值为 10 000 元的债券，年利率为 6%，截止到购买日的利息为 300 元（10 000×6%/2），实际支付款项为 10 300 元。编制会计分录如下：

a. 支付款项时：

借：对外投资——债券投资　　　　10 300
　　贷：银行存款　　　　　　　　　　10 300

b. 2010 年 12 月，合作社收到债券利息 600 元：

借：库存现金　　　　　　　　　　600
　　贷：投资收益　　　　　　　　　　600

c. 合作社于 2011 年 2 月 1 日将 2010 年 7 月 1 日购入债券转让，转让价为 10 800 元：

借：银行存款　　　　　　　　　　10 800
　　贷：对外投资——债券投资　　　　10 300
　　　　投资收益　　　　　　　　　　500

【例】合作社以取奶机对乡奶牛厂进行投资，期限 2 年，该取奶机账面价值 20 000 元，已提折旧 9 000 元，经评估确定其价值为 15 000 元。

a. 确认对外投资价值：

借：对外投资——其他投资　　　　15 000
　　累计折旧　　　　　　　　　　　9 000
　　贷：固定资产——取奶机　　　　　20 000
　　　　资本公积　　　　　　　　　　4 000

b. 两年后合作社收回这台取奶机，计算应提折旧为 12 000 元：

借：固定资产—取奶机　　　　　　20 000
　　投资收益　　　　　　　　　　　7 000
　　贷：累计折旧　　　　　　　　　　12 000

对外投资　　　　　　　　15 000

二、投资收益的核算

投资收益是指投资所取得的收益扣除发生的投资损失后的数额。投资收益包括对外投资分得的利润、现金股利和债券利息，以及投资到期收回或者中途转让取得款项高于账面余额的差额等。投资损失包括投资到期收回或者中途转让取得款项低于账面余额的差额。

为了反映合作社对外投资取得的收益或发生的损失，应设置"投资收益"账户进行核算。合作社取得投资收益时，借记"库存现金""银行存款"等账户，贷记"投资收益"账户。到期收回或转让对外投资时，按实际取得的价款，借记"库存现金""银行存款"等账户，按原账面余额，贷记"对外投资"账户，按实际取得价款和原账面余额的差额，借记或贷记"投资收益"账户。

年终，应将本账户的余额转入"本年盈余"账户的贷方；如为净损失，转入"本年盈余"账户的借方，结转后账户应无余额。

第四章　农民专业合作社所有者权益的核算

所有者权益是合作社及其成员在合作社资产中享有的经济利益，其金额为合作社全部资产减去全部负债后的余额，所有者权益包括股金、专项基金、资本公积、盈余公积和未分配盈余。

第一节　专项基金的核算

专项基金是合作社通过国家财政直接补助转入和他人捐赠形成的专用基金。专项基金可以用于合作社的建设，形成各种固定资产、农业资产、无形资产等，也可用于成员培训等。

一、理解专项基金必须把握的原则

（1）专项基金平均量化到每位成员，定期进行调整，有指定用途的捐赠资产除外。

（2）量化到成员的专项基金退社时不退。

（3）专项基金形成的资产，无论折旧、摊销甚至报废毁损都不减少专项基金。

二、专项基金的核算

(一) 使用专项基金

合作社使用国家财政直接补助资金取得固定资产、农业资产和无形资产等时,按实际使用国家财政直接补助资金的数额,借记"专项应付款"科目,贷记本科目。

【例】腾龙合作社使用国家财政专项补助 500 000 元修建成冷库一座,全部支出总计 50 000 元,工程验收完成交付使用。其中,使用产品物资 400 000 元,应付外请人工 50 000 元,应付社员人工 50 000 元。工程验收完成后交付使用。

a. 建造:
借:在建工程　　　　　　　　500 000
　　贷:产品物资　　　　　　　400 000
　　　　应付款　　　　　　　　50 000
　　　　成员往来　　　　　　　50 000

b. 交付使用:
借:固定资产　　　　　　　　500 000
　　贷:在建工程　　　　　　　500 000

c. 结转专项基金:
借:专项应付款　　　　　　　500 000
　　贷:专项基金　　　　　　　500 000

(二) 取得专项基金

合作社收到捐赠的货币资金时借记"现金""银行存款"科目,贷记"专项基金"科目。

【例】合作社收到县农业局干部及职工捐赠现金 10 000 元。

借:库存现金　　　　　　　　10 000

贷：专项基金　　　　　　　10 000

（三）接受捐赠的非货币资产

合作社收到他人捐赠的非货币资产时按照所附发票记载金额加上应支付的相关税费，借记"固定资产""产品物资"等科目，贷记本科目；无所附发票的，按照经过批准的评估价值，借记"固定资产""产品物资"等科目，贷记本科目。

【例】合作社收到某农机制造厂的新型联合收割机1台，发票价200 000元。

　　借：固定资产——收割机　　　　200 000
　　　　贷：专项基金——某农机公司　200 000

第二节　股金的核算

股金是合作社成员实际投入合作社的各种资产的价值。它是进行生产经营活动的前提，也是合作社成员分享权益和承担义务的依据。

合作社成员对自己的出资享有所有权，并按出资比例分享剩余盈余和承担相应的风险。合作社成员只有在退社时，才按法律或章程的有关规定退还给成员。

（一）成员以货币资金入股

合作社收到成员以货币资金投入的股金按实际收到的金额，借记"现金""银行存款"科目，按成员应享有合作社注册资本的份额计算的金额，贷记本科目，按两者之间的差额，贷记"资本公积"科目。

【例】根据合作社和某外单位签订的投资协议，该单位向合作社投资25 000元，款存银行。协议约定入股份额占合作社股份的20%，合作社原有股金60 000元。

该单位投入到合作社的资金25 000元中，能够作为股金入账的数额是 60 000×20%／（1－20%）＝15 000元，其余的10 000元，只能作为股金溢价，记入"资本公积"账户。会计分录为：

借：银行存款　　　　　　　　　　25 000
　　贷：股金——法人股金　　　　15 000
　　　　资本公积　　　　　　　　10 000

（二）成员以非货币资产入股

合作社收到成员投资入股的非货币资产按各方确认的价值，借记"产品物资""固定资产""无形资产"等科目，贷记本科目，按成员应享有合作社注册资本的份额计算的金额，贷记本科目，按两者之间的差额，贷记或借记"资本公积"科目。

【例】合作社收到成员黄莲投入一辆汽车，评估确认价130 000元，同意拥有出资额为120 000元。

借：固定资产——汽车　　　　　　130 000
　　贷：股金——成员黄莲　　　　120 000
　　　　资本公积——成员黄莲　　 10 000

（三）成员退股

合作社按照法定程序减少注册资本或成员退股时借记本科目，贷记"现金""银行存款""固定资产""产品物资"等科目，并在有关明细账及备查簿中详细记录股金发生的变动情况。

【例】合作社付给成员退股5 000元，其中，现金支付1 000元、银行支付4 000元。

借：股金——个人股金　　　　　　5 000
　　贷：现金　　　　　　　　　　1 000

| 银行存款 | 4 000 |

（四）转让股金

成员间按章程规定转让出资的，不需要做相应的会计分录，应该在受让、转让方和有关的明细账及背查账中记录反映。

第三节　资本公积的核算

一、资本公积的概念

资本公积是指归农民合作社全体成员所共有的、非收益化转化而形成的公共积累。

二、资本公积的管理

（一）资本公积的管理

资本公积是合作社收到成员入社投入的资产和其他来源取得的用于扩大生产经营、承担经营风险及集体公益事业的专用基金。合作社收到成员入社投入的资产，双方确认的价值与按享有合作社注册股金的份额计算的金额的差额，计入资本公积；对外投资中，资产重估确认价值与原账面净值的差额计入资本公积。

（二）资本公积的核算

资本公积主要来源于股金溢价和资产重估增值，主要用于转增股金。合作社应设置"资本公积"账户。该账户属所有者权益类账户，其贷方登记合作社收到成员入社投入的资产和由于股金溢价、接受捐赠资产价值等增加的资本公积，借方登

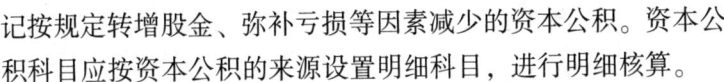

记按规定转增股金、弥补亏损等因素减少的资本公积。资本公积科目应按资本公积的来源设置明细科目，进行明细核算。

三、资本公积的核算

（一）资产重估增值

合作社以实物资产对外投资，其实物资产重估确认的价值与原账面净值的差额应计入资本公积。合作社以实物资产对外投资时，按照投资各方确认的价值，借记"对外投资"科目，按投出实物资产的账面余额，贷记"固定资产""产品物资"等科目，按两者之间的差额，借记或贷记"资本公积"科目。

【例】花卉专业合作社，以一辆汽车对外投资，账面原价100 000元，已提折旧30 000元，双方协商价值为80 000元。会计分录为：

借：对外投资		80 000
累计折旧		30 000
贷：固定资产		100 000
资本公积——重估溢价		10 000

（二）股金溢价

合作社收到成员入社投入货币资金或实物资产时，按实际收到的金额或投资各方确认的价值，借记"库存现金""银行存款""固定资产""产品物资"等科目，按其应享有合作社注册资本的份额计算的金额，贷记"股金"科目，按两者之间的差额，贷记或借记"资本公积"科目。

【例】合作社发展势头良好，收到成员吴广股金20 000元，约定入股份额为15 000元。

借：银行存款		20 000
贷：股金——社员吴广		15 000

资本公积——社员吴广　　　5 000

（三）转增股金

合作社用资本公积转增股金时，借记"资本公积"科目，贷记"股金"科目。

【例】粤强合作社，经全体股东大会决议，将资本公积50 000元，按成员原始股本比例转增股本。

　　借：资本公积　　　　　　　50 000
　　　贷：股本（明细略）　　　　50 000

第四节　盈余公积的核算

一、盈余公积的概念

盈余公积指从盈余中提取的，归全体成员所共有的公共积累基金。

二、盈余公积的管理

盈余公积是农民专业合作社按照章程规定或者成员大会决议从年盈余中提取的公积金。公积金用于弥补亏损、扩大生产经营或者转为成员出资。盈余公积金应属于全体成员所有，但依据成员与合作社交易量大小及成员股金多少而有所不同。合作社可根据章程规定并经成员大会讨论决定，将盈余公积转增股金、弥补亏损或扩大生产经营。

三、盈余公积的核算

盈余公积属于所有者权益类科目，贷方登记当年提取的盈余公积，借方登记盈余公积的使用，期末贷方余额反映实有盈余公积数额。

(一) 合作社以从本年盈余中提取盈余公积的核算

合作社年终进行盈余分配时，应按一定比例从本年盈余中提取盈余公积。合作社年终从本年盈余中提取盈余公积时，借记"盈余分配——各项分配"账户，贷记"盈余公积"账户。

【例】年终，合作社从当年盈余中提取盈余公积15 000元。

借：盈余分配——各项分配　　　15 000
　　贷：盈余公积　　　　　　　　15 000

【例】年终，粤强合作社从当年盈余中按交易量提取盈余公积60 000元。

借：盈余分配——各项分配　　　60 000
　　贷：盈余公积——各成员　　　60 000

(二) 合作社以盈余公积转增股金的核算

合作社用盈余公积中的公积金转增股金或弥补亏损等时，借记本科目，贷记"股金""盈余分配"等科目。

【例】合作社经成员大会决定，将盈余公积50 000元按原始投资比例转增股本。

借：盈余公积　　　　　　　　　50 000
　　贷：股本——各成员　　　　　50 000

第五章 农民专业合作社生产成本的管理与核算

生产成本是指合作社直接组织生产或对外提供劳务服务等活动中所产生的各项生产费用和劳务服务成本。为核算方便，可将各项生产费用和劳务成本划分为直接费用和间接费用。直接费用是指可直接计入各产品的费用，包括直接材料、直接人工费用等；间接费用指应摊销、分配计入各产品的费用，包括为组织和管理生产所发生的管理人员工资、生产设备的折旧费用、维修费、办公费等。

第一节 生产成本的核算

一、成本核算

成本核算是一个非常复杂的过程。为了正确进行成本核算，必须正确划分收益性支出和资本性支出的界限、产品生产成本与期间费用的界限、本期产品与下期产品之间的费用界限、各种产品之间的费用界限、本期完工产品与期末在产品之间的界限。在具体划分过程中，要本着谁受益谁负担的原则，负担费用的多少与受益程度的大小相配比。

二、科目设置、会计处理

(一) 科目设置

合作社应设置"生产成本"科目,核算合作社直接组织生产或提供劳务、服务所发生的各项生产费用和劳务、服务成本。"生产成本"属于成本类科目,借方登记合作社直接组织生产或提供劳务、服务所发生的各项生产费用和劳务、服务成本,贷方登记结转生产完工验收入库产成品的成本及转出的劳、服务成本,期末借方余额,反映合作社尚未生产完成的各项在产品的成本和尚未完成的劳务、服务成本。为反映合作社生产成本发生和结转的详细情况,合作社应按生产费用和劳务、服务成本种类设置明细科目,进行明细核算。这样才能方便合作社对各项事务进行财务管理。

(二) 会计处理

(1) 确认各项生产费用和劳务服务成本。合作社发生各项生产费用和劳务服务成本时,应按成本核算对象和成本项目分别归集,借记"生产成本"科目,贷记"库存现金""银行存款""产品物资""应付工资""成员往来""应付款"等科目。

【例】粮食生产销售专业合作社为直接生产粮食领用农药一批,价值5 000元。会计分录为:

借:生产成本　　　　　　　　5 000
　　贷:产品物资农药　　　　　　5 000

【例】粮食生产销售专业合作社以银行存款3 500元,支付外聘技术人员劳务费。会计分录为:

借:生产成本　　　　　　　　3 500
　　贷:银行存款　　　　　　　　3 500

【例】粮食生产销售专业合作社本期应支付生产工人工资20 000元，其中，应支付本社固定工人工资10 000元，应支付本社成员工资6 000元，非本社成员工资4 000元。会计分录为：

借：生产成本　　　　　　　　　20 000
　　贷：应付工资　　　　　　　　10 000
　　　　成员往来　　　　　　　　6 000
　　　　应付款　　　　　　　　　4 000

（2）产品生产完工，结转生产成本。会计期间终了，合作社已经生产完成并已验收入库的产成品，应按实际成本，借记"产品物资"科目，贷记"生产成本"科目。

【例】粮食生产销售专业合作社，收获水稻验收入库，计算出的生产成本为150 000元。产品成本计算单上记录农药、化肥等材料费用60 000元，工资费用45 000元，其他费用20 000元，往年费用25 000元。结转入库产品成本的会计分录为：

借：产品物资——水稻　　　　　150 000
　　贷：生产成本——材料费用　　60 000
　　　　　　　　——工资费用　　45 000
　　　　　　　　——其他费用　　20 000
　　　　往年费用　　　　　　　　25 000

【例】水产生产销售专业合作社，生产完工验收入咸鱼干一批，生产成本100 000元，结转入库产品成本的会计分录为：

借：产品物资——咸鱼干　　　　100 000
　　贷：生产成本　　　　　　　　100 000

第二节 种植业的成本核算

种植业作物包括粮食作物、经济作物、饲料作物、蔬菜栽培等一年生农作物及橡胶、果、桑、茶树等多年生农作物，也包括药用植物。种植业的成本核算一般应以每种作物作为成本计算对象，单独核算其成本。但有时候会出现小面积、多品种的情况，这种情况以每类作物为成本计算对象，先计算各类作物的总成本，再按一定的标准分摊到各作物品种中去，例如按产量、工时、农药和化肥投入、生长季长短等确定该类中各种作物的产品成本。并对不同收获期的同一种作物分别核算。由于农作物的生产周期长，产品单一，收获期比较集中，各项费用在年度中发生不均匀。所以，种植业一般应以一年计算一次成本。

种植业产品成本项目主要包括：材料费用、工资费用、其他费用及往年费用。材料费用是在生产中直接耗用的资产或外购的种子、种苗、肥料、农药等费用。工资费用是指直接从事农业生产人员的工资及福利费用。其他费用是指除了材料、工资费用以外的其他各项费用，如机械作业费、灌溉费、田间运输费、折旧费、修理费等。往年费用是指多年生作物投产前发生的，按一定摊销方法摊入本期产品的费用，包括秋耕地费用、越冬地作物费用等。

一、一年生农作物产品成本核算

一般农作物在完成生产过程后，可以生产出主产品和副产品。主产品是生产的主要目的产品，如水稻、玉米等。副产品是在生产过程中随着主产品附带收获的产品，如稻草等。由于主产品和副产品是通过同一生产过程产出的,所以,同一种作物的全部生产费用应该由它的主产品和副产品共同负担,将费用在主产品和副产品之间进行分配,一般有两种分配方法。

(一) 估价法

估价法就是对副产品按市场价格进行估价,以此作为副产品的成本。主产品的成本计算公式为:

主产品总成本 = 生产费用总额 - 副产品价值

(二) 比率法

比率法就是按照一定的比率把生产费用总额在主产品和副产品之间进行分配的方法。计算公式为:

$$分配率(\%) = \frac{实际总成本}{主、副产品计划成本之和} \times 100$$

主产品实际总成本 = 主产品计划成本 × 分配率,副产品实际总成本 = 副产品计划成本 × 分配率。

【例】某水稻生产专业合作社,当年收获水稻60 000千克,每千克计划成本0.5元,稻草70 000千克,每千克计划成本0.02元,本年实际生产费用总额为28 800元,用比率法计算水稻和稻草的实际成本。

$$分配率(\%) = \frac{28\ 800}{60\ 000 \times 0.5 + 70\ 000 \times 0.02} \times 100 = \frac{28\ 800}{31\ 400} \times 100 = 91.72$$

水稻实际总成本 = 30 000 × 91.72% = 27 516(元)
水稻单位成本 = 27 516 ÷ 60 000 = 0.46(元/千克)
稻草实际总成本 = 1 400 × 91.72% = 1 284(元)
稻草单位成本 = 1 284 ÷ 70 000 = 0.018 3(元/千克)

为简化成本计算,合作社生产的某些产品可以按合并的作物类别计算生产成本。计算产品成本时，一般采用计划成本比率法，计算公式为：

$$\text{分配率}（\%）= \frac{\text{实际总成本}}{\text{某类作物计划总成本}} \times 100$$

某种农作物的成本 = 该种农作物的计划成本 × 分配率

【例】某蔬菜种植专业合作社，本月收获番茄10 000千克，每千克计划成本0.8元，马铃薯5 000千克，每千克计划成本0.7元，辣椒10 000千克，每千克计划成本0.9元。3种蔬菜实际发生生产费用为19 270元，用计划成本比率法计算3种蔬菜的实际成本。计算结果如表5-1所示。

表5-1 生产费用分配表

×年×月　　　　　　　　　　　　　　　　　　　　　单位：元

蔬菜名称	产量（千克）	计划成本		实际成本	
		单价	金额	单价	金额
番茄	10 000	0.8	8 000	0.752	7 520
马铃薯	5 000	0.7	3 500	0.658	3 290
辣椒	10 000	0.9	9 000	0.846	8 460
合计			20 500		19 270

其中：

$$\text{分配率}（\%）= \frac{19\ 270}{20\ 500} \times 100 = 94$$

利用苗床或温室栽培各种蔬菜所发生的各种生产费用，当合并计算时，可以按照苗床格日成本和温室每平方米日成本计算各种蔬菜的总成本和单位成本。计算公式为：

$$\text{温床格日成本} = \frac{\text{生产费用总额}}{\text{各种温床蔬菜生长期间占用温床格日数}}$$

$$\text{温室每平方米日成本} = \frac{\text{生产费用总额}}{\text{各种温室蔬菜生长期间占用平方米日数}}$$

【例】某蔬菜生产专业合作社使用苗床生产辣椒秧,占苗床格数400个,生长期25天,产量70 000株;生产茄子秧占苗床格500个,生长期20天,产量80 000株。本期发生生产费用总额为4 100元。其生产成本可按下列方法计算。

温床格日成本 $= \dfrac{4\ 100}{400 \times 25 + 500 \times 20} = 0.205$(元)

辣椒秧总成本 $= 0.205 \times 400 \times 25 = 2\ 050$(元)

辣椒秧单位成本 $= \dfrac{2\ 050}{70\ 000} = 0.029$(元/株)

茄子秧总成本 $= 0.205 \times 500 \times 20 = 2\ 050$(元)

茄子秧单位成本 $= \dfrac{2\ 050}{80\ 000} = 0.026$(元/株)

【例】某蔬菜生产专业合作社利用温室生产白菜占地400米,生长期40天,收获40 000千克;黄瓜占地400平方米,生长期60天,收获70 000千克。本期共发生生产费用总额为21 600元。其生产成本可按下列方法计算。

温室每平方米日成本 $= \dfrac{21\ 600}{400 \times 40 + 400 \times 60} = 0.54$(元)

白菜总成本 $= 16\ 000 \times 0.54 = 8\ 640$(元)

白菜单位成本 $= \dfrac{8\ 640}{40\ 000} = 0.216$(元/千克)

黄瓜总成本 $= 24\ 000 \times 0.54 = 12\ 960$(元)

黄瓜单位成本 $= \dfrac{12\ 960}{70\ 000} = 0.185$(元/千克)

二、多年生农作物产品成本核算

多年生农作物由于生长期较长、多次采收、生产管理要求不同,其成本计算方法也有所不同,一般可采用下列方法计算。

（一）一次收获多年生作物主产品总成本计算

一次收获多年生作物主产品总成本＝往年费用＋收获年份截至收获月份的累计费用－副产品价值。

（二）多次收获多年生作物主产品总成本计算

多次收获多年生作物主产品总成本＝往年费用本年摊销额＋本年全部费用－副产品价值。橡胶、果树、桑树、茶树等是多年生的植物，生长期长，按其生长过程一般经过苗圃育苗、幼树培育和成林管理3个阶段。苗圃育苗是生产树苗的阶段；幼树培育是从树苗起土、移植到成林投产为止的生产阶段；成林管理是正式投产后的培育管理阶段。多年生植物的成本核算分为苗圃产品的成本核算、幼树培育的成本核算、林木产品的成本核算。

1. 苗圃产品的成本计算

苗圃产品的成本计算对象是苗圃中培育的树苗，应计算每亩苗圃成本或每株苗圃成本。苗圃的成本计算公式是：

$$每亩苗圃成本 = \frac{起苗前生产费用}{育苗面积}$$

起苗部分树苗成本＝每亩苗圃成本×起苗面积＋起苗费用

$$每亩苗圃成本 = \frac{起苗前生产费用}{育苗株数}$$

起苗部分树苗成本＝每株苗圃成本×起苗株数＋起苗费用

【例】某苗圃培育专业合作社，本期培育柳树苗450亩，起苗前实际支出费用45 000元，本年起用面积200亩，起苗费用3 500元。可按下列方法计算树苗成本。

计算每亩树苗成本：

$$每亩树苗成本 = \frac{45\ 000}{450} = 100\ （元）$$

计算起用柳树苗总成本：

起用柳树苗总成本 = 100 × 200 + 3 500 = 23 500（元）

2. 幼树培育的成本计算

幼树培育是从树苗移植起，到成龄投产时止。这一阶段要经过若干年才能完成，在幼树培育期间所发生的费用是幼树培育成本。不同用途的幼树，其培育费用的列支范围和成本计算方法有所不同，橡胶、果树、桑树、茶树，由树苗定植到成林交付生产的全部生产培育费用，形成林木资产。在此期间获得的收入（指原有林木的间种收入、销售树枝等副产品收入）冲减培育费用。幼树培育成本的计算公式为：

$$每亩幼树培育成本 = \frac{营造期间发生的费用 - 营造期间收入}{营造面积}$$

3. 林木产品的成本计算

幼树成林后，应转为林木资产管理。采摘的果品、收割的胶水等发生的生产费用，当年的培育费用，停采、停割期间的费用是培育林木产品的成本，通常按品种或类别计算。成本计算期一般为一年计算一次。各种林木产品生产费用确认的成本计算时间不同，一般情况下，果树算至果品可以销售，橡胶算至加工成干胶片，茶树算至加工成商品茶。没有加工设备的，橡胶可以算至鲜胶乳，茶树可以算至鲜叶。计算公式为：

$$林木产品单位成本 = \frac{当年培育费用 + 停割停采费用 - 副产品价格}{产品产量}$$

第三节 养殖业的成本核算

养殖业是利用动物的生长机能，通过人工的饲养繁殖取得产品的部门，包括养猪、养牛、养禽等畜牧业生产及水生动物和植物的育苗、养殖等渔业生产。

一、畜牧业产品成本核算

畜牧业产品的成本计算，可实行分群核算，也可以实行混群核算。实行分群核算的成本计算对象是各种畜禽的群别。如养猪业分为基本猪群、2~4个月幼猪群、4个月以上的幼畜和育肥猪群。混群核算是按畜禽种类划分，各类内部不再按畜禽的年龄分群，成本计算对象是畜禽种类。在一般情况下，畜牧业按年计算成本。年内经常有产品的合作社，也可以按月计算成本。

畜牧业成本项目一般包括：材料费用、工资费用和其他费用。材料费用指饲养生产中消耗的精饲料、粗饲料、动物饲料和矿物饲料等费用，粉碎蒸煮饲料、孵化增温等耗用的燃料和动力费用等。工资费用指从事畜牧业生产人员的工资及福利费用等。其他费用指在畜牧业生产中使用的专用设备的折旧费、产畜折旧费、畜禽医疗费等。

(一) 分群核算

分群核算是按畜禽的不同年龄组作为成本计算对象，分群计算饲养头/日成本、活重单位成本、幼畜和育肥畜增重单位成本、仔畜繁殖成本、畜禽产品成本等。其计算公式为：

$$饲养头/日成本 = \frac{该群饲养费用}{该群饲养日数}$$

$$活重单位成本 = \frac{期初活重成本 + 购入转入价值 + 本期饲养费用 - 副产品价值}{期末存栏活重 + 期内转出活重}$$

$$增重单位成本 = \frac{饲养费用 - 副产品价值}{增重量}$$

其中：增重量 = 期末存栏畜群活重 + 期内转出畜群活重 - 期初结转 - 期内购入 - 期内转入畜群活重。

【例】 某养猪专业合作社2～4个月幼猪饲养费用为6 000元，厩肥价值为320元，期初结转幼猪5头，活重200千克，成本360元，期内转入25头，活重290千克，成本1 200元，购入幼猪12头，活重160千克，成本800元，转出35头，活重2 600千克，死亡1头，活重13千克，期末结存3头，活重220千克。

2～4个月幼猪增、活重量成本计算如下：

2～4个月幼猪增重量 = 220 + 2 600 + 13 - （200 + 290 + 160） = 2 183（千克）

2～4个月幼猪增重单位成本 = $\frac{6\ 000 - 320}{2\ 183}$ = 2.6（元）

2～4个月幼猪活重量 = 220 + 2 600 = 2 820（千克）

2～4个月幼猪活重单位成本 = $\frac{360 + 1\ 200 + 800 + 6\ 000 - 320}{2\ 820}$ = 2.85（元）

2～4个月幼猪转出活重总成本 = 2.85 × 2 600 = 7 410（元）

2～4个月幼猪期末存栏活重总成本 = 2.85 × 220 = 627（元）

（二）混群核算

混群核算是为适应畜禽混群饲养的管理要求，不分畜禽年龄，而以畜禽种类为成本计算对象的一种核算方法。这种方法只计算当期销售畜禽的总成本和单位成本，核算手续简便，但提供的资料较少，适合饲养量较少的专业合作社。计算公式如下：

某类畜禽销售总成本 = （期初存栏畜禽价值 + 本期外购畜禽价值 + 本期饲养费用） - （期末存栏畜禽价值 + 副产品价值）

第五章 农民专业合作社生产成本的管理与核算

$$某类畜禽销售单位成本 = \frac{某类畜禽销售总成本}{销售畜禽总重量（或总数量）}$$

二、渔业产品成本核算

渔业是经营水生动、植物产品的行业。按水质划分，可以分为淡水渔业、海洋渔业；按生产形式划分，可以分为人工养殖和天然捕捞。渔业生产环节分为3个阶段，孵化育苗、培育幼鱼、饲养成鱼。渔业在每个阶段都有产品，都可以实现销售。每个阶段的产品就是成本计算对象。

渔业生产费用是在渔业产品生产过程中发生的全部费用，包括水生动植物的育苗、养殖和天然捕捞的生产费用。渔业成本项目主要有：材料费用、工资费用和其他费用。材料费用是指在产品饲养过程中耗费的鱼种、鱼苗、饲料等。工资费用是指直接从事渔业生产人员的工资和福利费。其他费用是指在渔业生产中使用的专用设备的折旧费、燃料费、修理费、水电费、办公费等。

（一）鱼苗成本的计算

鱼苗是孵化不久的幼鱼，体形细小，数量多，在数量上的计算只能采用估计或抽样清查的方法，做到大致准确，通常以万尾为成本计算单位。其计算公式为：

$$每万尾鱼苗成本 = \frac{育苗期全部生产费用}{育成鱼苗万尾数}$$

（二）成鱼成本计算

成鱼是放养鱼苗到池塘，依靠人工采集和加工的饲料进行养鱼；或者放到天然湖泊利用天然饲料养鱼，使之从幼鱼成长为食用鱼的过程。成鱼的生产方式有两种：一种是多年放养，一次捕捞；一种是逐年放养逐年捕捞。

多年放养,一次捕捞的成鱼成本包括捕捞前发生的生产费用和捕捞当年发生的生产费用。计算公式为:

$$成鱼单位成本 = \frac{捕捞前各年发生的生产费用 + 当年捕捞的生产费用}{成鱼总产量}$$

逐年放养逐年捕捞的成鱼成本,为当年捕捞的成鱼的成本,一般不计算在产品价值。

(三) 捕捞成本的计算

捕捞是指在天然江河、湖泊、海洋捕捞自然生长的渔业产品,当年发生的全部捕捞费用,应完全由当年捕捞的水生动物分摊,如果需要,可以按计划成本或销售价格的比例,将总成本在不同产品之间进行分配。

【例】某水产品捕捞专业合作社当年发生全部捕捞费用17 080元,捕捞罗非鱼、草鱼和白鲢鱼,3种产品售价分别为:罗非鱼每千克9.60元,草鱼每千克8.40元,白鲢鱼每千克8.00元;3种产品的产量分别为:罗非鱼1 500千克,草鱼2 000千克,白鲢鱼2 200千克。按售价比例计算的3种鱼总成本和单位成本如表5-2所示。

表5-2 各种鱼的成本计算表

×年×月 单位:元

品种	销售价格(元/千克)	产量(千克)	售价总额	分配率	实际总成本
罗非鱼	9.60	1 500	14 400		5 040
草鱼	8.40	2 000	16 800		5 880
白鲢鱼	8.00	2 200	17 600		6 160
合计			44 800	0.35	17 080

注:分配率 $= \frac{8\ 540}{22\ 400} \times 100\% = 35\%$

第四节 生产成本的其他核算

农民专业合作社虽然是不以营利为目的的组织，但要使农民专业合作社健康持久的发展，也必须进行成本核算，加强成本管理。只有精打细算才能使农民专业合作社在服务社员的同时，也获得较好的收益。农民专业合作社的生产成本是指农民专业合作社直接组织生产或对非成员提供劳务等活动所发生的各项生产费用和劳务成本。直接组织生产要进行成本计算，对非成员提供劳务更要进行成本计算。

农民专业合作社应设置"生产成本"科目，核算农民专业合作社直接组织生产或提供劳务服务所发生的各项生产费用和劳务服务成本。"生产成本"属于成本类科目，借方登记农民专业合作社直接组织生产或提供劳务服务所发生的各项生产费用和劳务服务成本，贷方登记结转生产完工验收入库产成品的成本及转出的劳务服务成本，期末借方余额，反映农民专业合作社尚未生产完成的各项在产品的成本和尚未完成的劳务服务成本。为反映农民专业合作社生产成本发生和结转的详细情况，农民专业合作社应按生产费用和劳务服务成本种类设置明细科目，进行明细核算。

一、生产费用和劳务服务成本核算

农民专业合作社发生各项生产费用和劳务服务成本时，应按成本核算对象和成本项目分别归集，借记"生产成本"科目，贷记"库存现金""银行存款""产品物资""应付工资""成员往来""应付款"等科目。

【例】某粮食生产销售专业合作社生产水稻，领用农药一批，价值 3 000 元。编制转账凭证，会计分录为：

借：生产成本——水稻　　　　　3 000
　　贷：产品物资——农药　　　　3 000

会计人员根据转账凭证登记"生产成本""产品物资"总账，根据转账凭证及原始凭证登记"生产成本""产品物资"明细账。

【例】某粮食生产销售专业合作社以银行存款支付外聘技术人员劳务费 3 000 元。水稻应分摊 2 000 元，玉米应分摊 1 000 元。编制付款凭证，会计分录为：

借：生产成本——水稻　　　　　2 000
　　　　　　——玉米　　　　　1 000
　　贷：银行存款　　　　　　　3 000

出纳人员根据付款凭证登记"银行存款日记账"。会计人员根据付款凭证登记"生产成本""银行存款"总账，根据付款凭证及原始凭证登记"生产成本"明细账。

【例】某粮食生产销售专业合作社本期应支付种植水稻工人工资 30 000 元，其中，本社固定工人工资 16 000 元，本社成员工资 10 000 元，非本社成员工资 4 000 元。编制转账凭证，会计分录为：

借：生产成本——水稻　　　　　30 000
　　贷：应付工资——固定工人　　16 000
　　　　成员往来——本社成员　　10 000
　　　　应付款——非本社成员　　 4 000

会计人员根据转账凭证登记"生产成本""应付工资""成员往来""应付款"总账，根据转账凭证及原始凭证登记"生产成本""应付工资""成员往来""应付款"明细账。

二、生产成本结转

会计期间终了,农民专业合作社已经生产完成并已验收入库的产成品,应按实际成本,借记"产品物资"科目,贷记"生产成本"科目。

【例】某粮食生产销售专业合作社,收获水稻验收入库,计算出的生产成本为200 000元。产品成本计算单上记录农药、化肥等材料费用80 000元,工资费用55 000元,其他费用30 000元,往年费用35 000元。结转入库产品成本时,编制转账凭证,会计分录为:

借:产品物资——水稻　　　　　200 000
　　贷:生产成本——水稻　　　　　200 000

会计人员根据转账凭证登记"产品物资""生产成本"总账,根据转账凭证及原始凭证登记"产品物资""生产成本"明细账。

【例】某食用菌生产销售专业合作社,生产完工验收入库香菇干品一批,生产成本100 000元,结转入库产品成本的会计分录为:

借:产品物资——香菇干　　　　　100 000
　　贷:生产成本——香菇干　　　　　100 000

会计人员根据转账凭证登记"产品物资""生产成本"总账,根据转账凭证及原始凭证登记"产品物资""生产成本"明细账。

第六章 农民专业合作社收支与盈余的核算

第一节 农民专业合作社收入

收入是指合作社为成员提供生产资料的购买，产品销售、加工、运输、储藏以及与农业生产经营有关的技术、信息等服务取得的收入，以及销售合作社自产的产品、对非成员提供劳务等取得的收入。包括销售产品收入、劳务收入、租金收入、代购代销收入、服务收入、利息收入等。

农民专业合作社的收入分为经营收入、其他收入和投资收益。

一、经营收入的核算

合作社应设置"经营收入"科目，核算农民专业合作社销售产品、提供劳务，以及为成员代购代销、向成员提供技术、信息服务等活动取得的收入。该科目属于损益类科目，贷方登记农民专业合作社因销售产品、提供劳务，以及为成员代购代销、向成员提供技术、信息服务等活动取得的收入，借方登记期末转入"本年盈余"的数额，结转后本科目应无期末余额。为详细反映具体情况，合作社应按经营项目分别设置"产品销售收入""物资销售收入""委托代销收入""受托代购收入""受托代销收入""服务收入""租赁收入"等明细科目,进行明细分类核算。

(一) 经营收入的实现

农民专业合作社一般应于产品物资已经发出,服务已经提供,同时收讫价款或取得收取价款的凭据时,确认经营收入的实现。农民专业合作社实现经营收入时,应按实际收到或应收的价款,借记"库存现金""银行存款""应收款""成员往来"等科目,贷记"经营收入"科目。

【例】梅兴柚子合作社销售柚子一批,价款50 000元,入库成本为40 000元。

借:银行存款　　　　　　　　　　　50 000
　　贷:经营收入——产品销售收入　　　50 000
借:经营支出——产品销售支出　　　　40 000
　　贷:产品物资——柚子　　　　　　　40 000

【例】合作社接受成员委托代购瓜种4 000元,约定手续费200元。合作社4 500元购入瓜种,代购差价和手续费尚未收到。

借:现金　　　　　　　　　　　　　4 000
　　贷:成员往来——黄美　　　　　　　4 000
借:受托代购商品——瓜种　　　　　4 500
　　贷:银行存款　　　　　　　　　　　4 500
借:成员往来——黄美　　　　　　　4 700
　　贷:受托代购商品——瓜种　　　　　4 500
　　　　经营收入——受托代购商品收入　200

(二) 经营收入的结转

合作社期末结转经营收入,借记"经营收入"科目,贷记"本年盈余"科目。

【例】年终,合兴隆合作社共取得销售柚子收入 50 000 元,将其转入"本年盈余"科目。

借:经营收入——销售柚子　　　　　　150 000
　　贷:本年盈余　　　　　　　　　　　150 000

二、其他收入的核算

其他收入是指合作社除经营收入以外的收入。合作社应设置"其他收入"科目,核算合作社除经营收入以外的其他收入。该科目属于损益类科目,贷方登记合作社取得的除经营收入以外的其他收入,借方登记期末转入"本年盈余"科目贷方的数额,年终,将本科目的余额转入"本年盈余"科目贷方后,该科目应无余额。

(一) 其他收入的实现

合作社发生其他收入时,借记"现金""银行存款"等科目,贷记"其他收入"科目。

【例】广蜂合作社的银行存款收到利息 2 000 元,已自动转存开户银行。

借:银行存款　　　　　　　　　　　　2 000
　　贷:其他收入——利息收入　　　　　2 000

(二) 其他收入的结转

农民专业合作社期末结转其他收入时,借记"其他收入"科目,贷记"本年盈余"科目。

【例】广蜂合作社全年取得其他收入计 10 000 元,年终转入"本年盈余"科目。

借:其他收入　　　　　　　　　　　　10 000
　　贷:本年盈余　　　　　　　　　　　10 000

第二节 农民专业合作社的费用

费用是农民专业合作社为组织生产经营和管理活动所发生的各种耗费的总和，费用由经营支出、其他支出和管理费用构成。

成本和费用是既有联系又有区别的两个概念。两者均是经济资源的耗费，成本是按一定对象所归集的费用，是对象化了的费用。成本是相对于一定的产品或劳务服务而言发生的费用，是按照产品品种或劳务服务项目等成本计算对象对当期发生的费用进行归集而形成的。因此费用包括了成本。成本是针对成本计算对象而言，不论发生在哪个会计期间。费用则是针对某一会计期间而言，与一定的会计期间相联系，不论生产哪种产品或提供哪种劳务。

一、经营支出

经营支出是指农民合作社为成员提供农业生产资料的购买，农产品的销售、加工、运输、储藏以及与农业生产经营有关的技术、信息等服务发生的实际支出，以及因销售农民合作社自己生产的产品、对非成员提供劳务等活动发生的实际成本。

为反映农民专业合作社经营支出的发生和结转情况，应设置"经营支出"科目，核算因销售产品、提供劳务，以及为成员代购代销，向成员提供技术、信息服务等活动发生的支出。"经营支出"属于损益类科目，借方登记农民专业合作社经营支出的发生，贷方登记期末经营支出的结转，期末结转后，本科目应无余额。

(一) 经营支出的发生

发生经营支出时,借记"经营支出"科目,贷记"产品物资""生产成本""应付工资""成员往来""应付款"等科目。

【例】合作社出售本合作社蔬菜一批,售价70 000元,款已存入银行。生产成本50 000元。

a. 借:银行存款 　　　　　　　　　　70 000
　　贷:经营收入——蔬菜　　　　　　70 000
b. 借:经营支出 　　　　　　　　　　50 000
　　贷:产品物资 　　　　　　　　　　50 000

【例】合作社请机耕队播种,付出人工工资20 000,现金支付。

借:经营支出 　　　　　　　　　　　20 000
　贷:现金 　　　　　　　　　　　　 20 000

(二) 经营支出的结转

年终将"经营支出"科目的余额转入"本年盈余"科目时,借记"本年盈余"科目,贷记"经营支出"科目。

【例】年终,合作社将本年发生的经营支出10 000元转入"本年盈余"科目。

借:本年盈余 　　　　　　　　　　　100 000
　贷:经营支出 　　　　　　　　　　 100 000

二、其他支出

其他支出是指农民合作社除经营、管理费用以外的支出。如农业资产死亡毁损发生的支出或损失、固定资产及产品物资的盘亏损失、罚款支出、利息支出、捐赠支出、无法收回的应收款项损失等。为反映农民专业合作社其他支出的发生和结转情况，应设置"其他支出"科目，核算农民专业合作社发生的除"经营支出""管理费用"以外的其他各项支出。"其他支出"属于损益类科目，借方登记其他支出的发生，贷方登记其他支出的结转，期末结转后，"其他支出"科目应无余额。

（一）其他支出的发生

发生其他支出时，借记"其他支出"科目，贷记"库存现金""银行存款""产品物资""累计折旧""应付款""固定资产清理"等科目。

【例】合作社捐赠四川洪灾区6 000元。

借：其他支出——捐赠 6 000
　　贷：银行存款 6 000

【例】合作社支付借款利息1 000元。

借：其他支出——借款利息 1 000
　　贷：银行存款 1 000

（二）其他支出的结转

年终，将其他支出发生额转入"本年盈余"科目时，借记"本年盈余"科目，贷记"其他支出"科目。

【例】合作社将本年发生的其他支出8 000元，转入"本年盈余"科目。

借：本年盈余 8 000
　　贷：其他支出 8 000

三、管理费用

管理费用是指为组织和管理农民专业合作社各项活动发生的支出，包括管理人员的工资、办公费、差旅费、管理用固定资产的折旧费、业务招待费、无形资产摊销等。

为核算农民专业合作社发生的各项管理费用,农民专业合作社应设置"管理费用"科目,核算农民专业合作社为组织和管理生产经营活动发生的各项支出。"管理费用"属于损益类科目,借方登记管理费用的发生,贷方登记期末转入"本年盈余"的数额,"管理费用"科目期末结转后应无余额。

(一) 管理费用的发生

发生管理费用时,借记"管理费用"科目,贷记"应付工资""库存现金""银行存款""累计折旧""无形资产"等科目。

【例】合作社以银行存款支付管理人员工资3 000元。

借:管理费用——管理人员工资　　　　　3 000
　　贷:应付工资　　　　　　　　　　　　3 000

【例】蜂产品加工专业合作社以现金支付业务招待费1 500元。

借:管理费用——业务招待费　　　　　　1 500
　　贷:现金　　　　　　　　　　　　　　1500

(二) 管理费用的期末结转

管理费用期末结转时,借记"本年盈余"科目,贷记"管理费用"科目。

【例】年终,合作社将本年发生的管理费用8 000元转入"本年盈余"科目。

借:本年盈余　　　　　　　　　　　　　8 000
　　贷:管理费用　　　　　　　　　　　　8 000

第三节 农民专业合作社的盈余

一、盈余的概念

（一）盈余的概念

盈余指合作社在一定期间（月、季度、年）内生产组织经营和提供劳务服务活动所取得的净收入，即总收入和总支出的差额。盈余反映了合作社在一定期间取得的财务成果，是反映和考核合作社生产经营和提供劳务及所提供劳务服务活动质量的一项综合性财务指标。

（二）盈余总额的构成

农民合作社盈余一般按会计年度结算。本年盈余按照下列公式计算：

本年盈余 = 经营收益 + 其他收入 – 其他支出

其中：

经营收益 = 经营收入 + 投资收益 – 经营支出 – 管理费用

投资收益是指投资所取得的收益扣除发生的投资损失后的数额。投资收益包括对外投资分得的利润、现金股利和债券利息，以及投资到期收回或者中途转让取得款项高于账面余额的差额等。投资损失包括投资到期收回或者中途转让取得款项低于账面余额的差额。

二、盈余的分配

（一）盈余分配的程序

农民专业合作社的盈余分配，就是把当年已经确定的盈余数额加上以前年度的未分配盈余按照一定的标准进行合理分配。盈余分配是农民专业合作社财务管理和会计核算的重要环节，关系到国家、集体、农民专业合作社成员及所有者等各方面的利益，具有很强的政策性。因此，农民专业合作社必须按规定的程序和要求，搞好盈余分配工作。农民专业合作社在进行盈余分配前，首先应编制盈余分配方案，盈余分配方案应详细规定各分配项目及其分配比例。盈余分配方案必须经农民专业合作社成员大会或成员代表大会讨论通过后执行。其次应做好分配前的各项准备工作，清理有关财产，结清有关账目，以保证分配及时兑现，确保分配工作的顺利完成。

农民专业合作社的可分配盈余，应按照下列程序进行分配。

（1）弥补以前年度亏损。即弥补以前年度发生的亏损额。

（2）提取盈余公积。即从当年实现的盈余中按一定比例提取盈余公积，用于扩大农民专业合作社的生产、转增股金，或者用于弥补亏损。

（3）提取应付盈余返还。盈余返还部分是农民专业合作社在弥补亏损、提取盈余公积后可供当年成员分配的盈余。应付盈余返还应按成员与本合作社交易量（额）比例返还，盈余返还的比例不得低于可分配盈余的60%。

（4）提取剩余盈余返还。农民专业合作社可分配盈余扣除上述各项分配后的盈余，应按成员出资额、公积金份额、形成财产的财政补助资金量化份额、接受捐赠财产量化份额的合计数，按比例计算应分配给农民专业合作社各成员应享有的剩余盈余返还金额。

（二）盈余分配的核算

为了反映和监督农民专业合作社盈余的分配情况，农民专业合作社应设置"盈余分配"科目,核算合作社当年盈余的分配(或亏损的弥补)和历年分配后的结存余额。"盈余分配"科目属于所有者权益类科目,是"本年盈余"科目的抵减科目,借方登记农民专业合作社各项盈余的分配及结转的农民专业合作社发生的亏损,贷方登记从"本年盈余"科目转入的农民专业合作社本年实现的盈余和农民专业合作社亏损的弥补。农民专业合作社应在"盈余分配"科目下设置"各项分配"和"未分配盈余"两个二级科目,并按盈余的用途设置明细科目,进行明细分类核算。年度终了,本科目的"各项分配"二级科目应无余额,"未分配盈余"二级科目的贷方余额表示合作社历年积存的尚未分配的盈余,如为借方余额表示合作社历年积存的尚未弥补的亏损。

1. 弥补亏损

农民专业合作社当年实现的盈余首先应弥补以前年度发生的亏损,不足部分再以盈余公积弥补。用盈余公积弥补亏损时,应借记"盈余公积"科目,贷记"盈余分配——未分配盈余"科目。

【例】2012年年末,蔬菜专业合作社本年度发生亏损20 000元,以盈余公积弥补。编制转账凭证,会计分录为:

借:盈余公积——公积金　　　　　20 000
　　贷:盈余分配——公积金转入　　20 000

会计人员根据转账凭证登记"盈余公积""盈余分配"总账,根据转账凭证及原始凭证登记"盈余公积""盈余分配"明细账。

2. 提取盈余公积

农民专业合作社按章程提取盈余公积时,应借记"盈余分配——各项分配"科目,贷记"盈余公积"科目。

【例】某蛋鸡养殖专业合作社本年实现盈余250 000元，经农民专业合作社全体成员大会决议，首先弥补以前年度发生的亏损20 000元。然后按农民专业合作社章程规定，从当年实现盈余中提取公积金20 000元，提取公益金10 000元。会计处理如下：

（1）将本年实现盈余转入"盈余分配"时，编制转账凭证，会计分录为：

借：本年盈余　　　　　　　　　　　　　　　250 000
　　贷：盈余分配——未分配盈余（本年盈余）　250 000

会计人员根据转账凭证登记"本年盈余""盈余分配"总账，根据转账凭证及原始凭证登记"盈余分配"明细账。结转后即弥补以前年度发生的亏损20 000元。

（2）提取公积金及公益金时，编制转账凭证，会计分录为：

借：盈余分配——各项分配（盈余公积）　　　30 000
　　贷：盈余公积——公积金　　　　　　　　20 000
　　　　　　　　——公益金　　　　　　　　10 000

会计人员根据转账凭证登记"盈余分配""盈余公积"总账，根据转账凭证及原始凭证登记"盈余分配""盈余公积"明细账。

3. 返还盈余

农民专业合作社按交易量（额）向成员返还盈余时，应借记"盈余分配——各项分配"科目，贷记"应付盈余返还"科目。

【例】2012年年末，某蛋鸡养殖专业合作社董事会研究决定，将当年实现盈余扣除弥补亏损、提取盈余公积后盈余的60%返还给合作社成员，共计120 000元。编制转账凭证，会计分录为：

  借：盈余分配——各项分配（盈余返还） 120 000
   贷：应付盈余返还——各出资成员 120 000

会计人员根据转账凭证登记"盈余分配""应付盈余返还"总账，根据转账凭证及原始凭证登记"盈余分配""应付盈余返还"明细账。

4. 分配剩余盈余

农民专业合作社以成员账户中记载的出资额和公积金份额，以及合作社接受国家财政直接补助和他人捐赠形成的财产平均量化到成员的份额，按比例分配剩余盈余时，借记"盈余分配——各项分配"科目，贷记"应付剩余盈余"科目。

【例】2012年年末，经合作社董事会研究决定，将返还合作社成员后的剩余盈余，按成员账户中记载的出资额和公积金份额进行分配，共计80 000元。编制转账凭证，会计分录为：

  借：盈余分配——各项分配（剩余返还） 80 000
   贷：应付剩余盈余——各成员 80 000

会计人员根据转账凭证登记"盈余分配""应付剩余盈余"总账，根据转账凭证及原始凭证登记"盈余分配""应付剩余盈余"明细账。

5. 结转"本年盈余"及"盈余分配"明细科目

（1）年终，农民专业合作社应将全年实现的盈余（或发生的亏损）总额，自"本年盈余"科目转入"盈余分配"科目。

结转盈余时，借记"本年盈余"科目，贷记"盈余分配——未分配盈余"科目；结转净亏损时，作相反会计分录。

【例】某生猪养殖专业合作社2012年度共实现盈余100 000元，年终结转时，编制转账凭证，会计分录应为：

借：本年盈余　　　　　　　　　　　　　　100 000
　　贷：盈余分配——未分配盈余（本年盈余）　100 000

会计人员根据转账凭证登记"本年盈余""盈余分配"总账，根据转账凭证及原始凭证登记"盈余分配"明细账。

【例】某粮食种植专业合作社2012年度发生亏损80 000元，年终结转时，编制转账凭证，会计分录应为：

借：盈余分配——未分配盈余（本年亏损）　　80 000
　　贷：本年盈余　　　　　　　　　　　　　　80 000

会计人员根据转账凭证登记"盈余分配""本年盈余"总账，根据转账凭证及原始凭证登记"盈余分配"明细账。

（2）年终，农民专业合作社应将"盈余分配——各项分配"二级科目的余额转入"盈余分配——未分配盈余"二级科目。结转时，借记"盈余分配——未分配盈余"科目，贷记"盈余分配——各项分配"科目。

【例】2012年年末，养殖专业合作社盈余分配各明细科目余额为："盈余分配——各项分配"科目借方余额210 000元，"盈余分配——未分配盈余"科目贷方余额为210 000元。结转盈余分配明细科目会计分录为：

借：盈余分配——未分配盈余（各项分配）　　210 000
　　贷：盈余分配——各项分配（盈余公积）　　10 000
　　　　　　——各项分配（盈余返还）　　　120 000
　　　　　　——各项分配（剩余返还）　　　 80 000

会计人员登记"盈余分配"总账及明细账。

结转后，该专业合作社"盈余分配——未分配盈余"科目无余额，表明无未分配盈余。如果有贷方余额则为历年累积的未分配的盈余。如果为借方余额则为历年发生的亏损。

三、本年盈余

(一) 本年盈余的核算

在进行年终盈余分配工作以前,要准确地核算全年的收入和支出;清理财产和债权、债务,真实完整地登记成员个人账户。

【例】合作社年末结账前,各损益类账户余额如表6-1所示。合作社年度盈余如下。

经营收益 = 100 000 + 6 000 - 80 000 - 20 000 = 6 000元

2012年度盈余 = 6 000 + 40 000 - 30 000 = 16 000元

表6-1 损益类账户余额表　　　　　　单位:元

会计科目	借方余额	贷方余额
经营收入		100 000
经营支出	80 000	
其他收入		40 000
其他支出	30 000	
投资收益		6 000
管理费用	20 000	

(二) 本年盈余的核算

应设置"本年盈余"科目,核算农民专业合作社本年度实现的盈余。"本年盈余"属于所有者权益类科目,贷方登记期末转入的本年实现的各项收入,借方登记本年发生的各项支出,期末贷方余额反映本年实现的盈余,如为期末借方余额,反映农民专业合作社本年发生的亏损。本科目不需要设置明细科目。

1. 期末结转各项收入

会计期末将"经营收入""其他收入"科目的余额转入"本年盈余"科目时,借记"经营收入""其他收入"科目,贷记"本年盈余"科目;将"投资收益"科目的净收益转入"本年盈余"科目时,借记"投资收益"科目,贷记"本年盈余"科目;将"投资收益"科目的投资净损失,转入"本年盈余"科目时,借记"本年盈余"科目,贷记"投资收益"科目。

【例】2012 年年末,某养鸡专业合作社实现鸡蛋收入 600 000元,饲料收入 300 000元,鸡苗收入 200 000元,兽药收入 100 000元,罚款收入 20 000元,溢价收入 10 000元,从被投资的蔬菜专业合作社分得利润 50 000元。期末将各项收入转入"本年盈余"科目。编制转账凭证,会计分录为:

借:经营收入	500 000
其他收入	20 000
投资收益	10 000
贷:本年盈余	53 0000

2. 期末结转各项支出

会计期末农民专业合作社将"经营支出""管理费用""其他支出"科目的余额转入"本年盈余"科目时,借记"本年盈余"科目,贷记"经营支出""管理费用""其他支出"科目。

借:本年盈余	400 000
贷:经营支出	250 000
其他支出	10 000
管理费用	500 000

3. 期末结转本年盈余

根据借贷方发生额之差,计算本年盈余,转入"盈余分配"账户。

借:本年盈余　　　　　　　　　　　　　　100 000
　　贷:盈余分配——未分配盈余(本年盈余)　100 000

如果专业合作社年终发生亏损 1 500 元:

借:盈余分配——未分配盈余(本年亏损)　　1 500
　　贷:本年盈余　　　　　　　　　　　　　1 500

第七章 农民专业合作社负债的管理及核算

合作社的负债是指合作社因过去的交易、事项形成的现实义务,履行该义务预期会导致经济利益流出合作社。它具有以下特征:一是负债是由于过去的交易或事项形成;二是负债是合作社承担的现实义务;三是会导致经济利益流出合作社。如用现金偿还负债、以实物资产偿还负债、以无形资产偿还负债、提供劳务偿还负债等。

合作社的负债分为流动负债和长期负债。流动负债是指偿还期限在1年内(含1年)的债务,主要包括短期借款、应付款、应付工资、应付盈余返还、应付剩余盈余返还;长期负债是指偿还期限在1年以上的(不含1年)的债务,主要包括长期借款、专项应付款等。

第一节 流动负债的核算

流动负债是指偿还期限在一年以内(含一年)的债务,包括短期借款、应付款、应付工资、应付盈余返还、应付剩余盈余等。流动负债一般具有数额较小、偿还期限较短、债务利息较少甚至没有的特点。

一、短期借款

(一) 短期借款的内容

短期借款是指合作社从银行、信用社以及外部单位和个人借入的期限在一年以下（含一年）的各种借款。短期借款一般是合作社为满足日常的生产经营活动和为成员提供服务或为偿还各项债务的需要，从银行、信用社以及外部单位和个人借入的款项。

(二) 取得短期借款的核算

合作社借入各种短期借款时，借记现金、银行存款，贷记短期借款。

【例】合作社向工商贷款20 000元，办完贷款手续后直接领取了现金。贷款合同给定，贷款期限为6个月，贷款年利率为5.7%。

借：库存现金　　　　　　　　　　20 000
　　贷：短期借款——工商银行　　　20 000

(三) 短期借款还本付息的核算

合作社归还短期借款时，借记短期借款其他支出（利息），贷记库存现金、银行存款等。

【例】为期6个月的贷款到期，合作社偿还本息。

利息金额为 $20\ 000 \times 5.7\% \times (6 \div 12) = 570$ 元。会计分录为：

借：短期借款　　　　　　　　　　10 000
　　其他支出　　　　　　　　　　　　570
　　贷：银行存款　　　　　　　　10 570

二、应付款

(一) 应付款的内容

应付款是指合作社与非成员之间发生的各种应付以及暂收款项,包括因购买产品物资和接受劳务、服务等应付的款项以及应付的赔款、利息等。

应付款是合作社为满足日常生产经营活动和为成员提供服务需要而形成的。一般在合作社取得赊购非成员产品物资的所有权、接受劳务服务和应付赔款、保证金、利息等时,确认应付款实现并入账核算。

(二) 应付款的核算

为反映应付款的形成、偿还、结余及管理情况,合作社应设置"应付款"账户,该账户属于负债类账户。贷方登记合作社与非成员之间发生的各种应付及暂收款项,借方登记偿还和已经核销的应付款,期末余额在贷方,反映合作社应付未付及暂收款项的总额。该账户应按发生应付款的非成员单位和个人设置明细账户,进行明细核算。

【例】合作社赊购药材,价款为8 000元。

借:产品物资——药材　　　　　　　　8 000
　　贷:应付款——××公司　　　　　　　　8000

【例】粤强合作社还款8 000元。

借:应付款——××公司　　　　　　　8 000
　　贷:现金　　　　　　　　　　　　　　8 000

三、应付工资

应付工资是指合作社应付给其管理人员及固定员工的工资总额,包括在工资总额内的各种工资、奖金、津贴、补助等。

合作社的应付工资,无论是否在当月支付,都应通过本账户核算。合作社给付临时员工的报酬,不通过本科目核算。临时员工是非成员的,通过"应付款"账户核算;临时员工是成员的,通过"成员往来"账户核算。

【例】合作社提取员工本月人工15 000元,管理人员工资5 000元。

借:生产成本　　　　　　　　　　20 000
　　贷:应付工资　　　　　　　　　15 000
　　　　管理费用　　　　　　　　　 5 000
发放工资时,
借:应付工资　　　　　　　　　　20 000
　　贷:库存现金　　　　　　　　　20 000

四、应付盈余返还

(一) 应付盈余返还的内容

应付盈余返还是指合作社可分配盈余中应返还给成员的金额。可分配盈余是指合作社在弥补亏损、提取公积金后的当年盈余。《农民专业合作社财务会计制度(试行)》规定,应付盈余返还按成员与本社交易量(额)比例返还给成员的金额,返还给成员的盈余总额不得低于可分配盈余的60%,具体的返还办法按照合作社章程规定或者经成员大会决议确定。

(二) 应付盈余返还的核算

为全面反映应付盈余返还的分配、支付情况,合作社应设置"应付盈余返还"账户,该账户属于负债类账户。贷方登记合作社应按成员与本社交易量(额)比例返还给成员的可分配盈余的金额,借方登记合作社按成员与本社交易量(额)比例实际支付给成员的可分配盈余的金额,期末贷方余额反映合作社尚未支付的应按成员与本社交易量（额）比例返还给成员的可分配盈余的金额。该账户按与本社有交易的成员设置明细账户，进行明细核算。

【例】年末，合作社将弥补亏损、提取公积金后的当年可分配盈余200 000元按章程规定进行分配。章程规定，将实现可分配盈余的80%返还给成员；返还时，以每个成员与本社的交易额占全部成员与本社交易总额的比重为依据。根据成员账户记载，当年成员与本社的交易总额为500 000元，其中，A、B、C、D四个成员与本社的交易额分别为20 000元、30 000元、50 000元、60 000元。

①合作社按规定返还盈余时：

第一步，计算出当年可分配盈余中应返还给与本社有交易的成员的金额。

200 000×80% = 160 000（元）

第二步，计算出每个成员与本社的交易额占全部成员与本社交易额的比重。

A：20 000÷500 000 = 4%

B：30 000÷500 000 = 6%

C：50 000÷500 000 = 10%

D：60 000÷500 000 = 12%

第三步，计算出应返还给与本社有交易的成员的可分配盈余金额。

A：160 000×4% = 6 400（元）

B：160 000×6% = 9 600（元）

C：160 000×10% = 16 000（元）

D：160 000×12% = 19 200（元）

第四步，做出盈余返还的会计分录。

借：盈余分配——各项分配　　　　　160 000
　　贷：应付盈余返还——A　　　　　6 400
　　　　　　　　　——B　　　　　9 600
　　　　　　　　　——C　　　　　16 000
　　　　　　　　　——D　　　　　19 200
② 合作社兑现返还的盈余时：
借：应付盈余返还——A　　　　　　6 400
　　　　　　　——B　　　　　　9 600
　　　　　　　——C　　　　　　16 000
　　　　　　　——D　　　　　　19 200
　　贷：库存现金　　　　　　　　160 000

五、应付剩余盈余

（一）应付剩余盈余的内容

应付剩余盈余指按成员与本社交易量（额）比例返还给成员的可分配盈余后，应付给成员的可分配盈余的剩余部分。这部分可分配盈余在分配时，不再区分成员是否与本社有交易量（额），对成员一视同仁，人人有份，平均受益。《农民专业合作社财务会计制度（试行）》规定，应付剩余盈余以成员账户中记载的出资额和公积金份额，以及本社接受国家财政直接补助和他人捐赠形成的财产平均量化到成员的份额，按比例分配给本社成员。

（二）应付剩余盈余的核算

为全面反映应付剩余盈余的分配、支付情况，合作社应设置"应付剩余盈余"账户，该账户属于负债类账户。

【例】合作社将当年可分配盈余 100 000 元的 80%，按成员与本社的交易额返还给成员，剩余的 20% 按章程规定，全部对成员进行分配。当年末,合作社所有者权益总额为600 000元,其中,股本500 000元,专项基金50 000元,公积金50 000元(包括资本公积和盈余公积)。成员甲个人账户记载的出资额为10 000元、专项基金1 000元、公积金7 000元;与合作社没有交易的成员戊个人账户记载的出资额为10 000元、专项基金1 000元、公积金1 000元。

①合作社分配剩余盈余时:

第一步,计算出每个成员个人账户记载的出资额、专项基金、公积金占这三项总额的份额

成员甲:(10 000 + 1 000 + 7 000) ÷ (500 000 + 50 000 + 50 000) × 100% = 3%

成员戊:(10 000 + 1 000 + 1 000) ÷ (500 000 + 50 000 + 50 000) × 100% = 2%

第二步,计算出每个成员应分配的剩余盈余金额。

成员甲:100 000 × 20% × 3% = 600(元)

成员戊:100 000 × 20% × 2% = 400(元)

第三步,做出分配剩余盈余的会计分录。

借:盈余分配—各项分配　　　　　　　20 000
　　贷:应付剩余盈余——甲　　　　　　600
　　　　　　　　　　——戊　　　　　　400

②合作社兑现应付剩余盈余时:

借:应付剩余盈余——甲　　　　　　　600
　　　　　　　　——戊　　　　　　　400
　　贷:库存现金　　　　　　　　　20 000

第二节　长期负债的核算

合作社的长期负债是指偿还期限超过一年以上(不含一

年）的债务，包括长期借款、专项应付款等。

一、长期借款

（一）长期借款的内容

长期借款是指合作社从银行和有关单位、个人借入的期限在一年以上（不含一年）的借款及偿还期在一年以上（不含一年）的应付款项。

（二）长期借款的核算

为反映和监督合作社长期借款的取得、偿还及结余情况，合作社应设置"长期借款"账户，该账户属于负债类账户。

【例】合作社工商银行贷款40 000元，并已到户。贷款合同约定借款期限为2年，年利率为6%，每年末偿还一次利息，到期时偿还本金和剩余利息。

①合作社向信用社贷款时：

借：银行存款　　　　　　　　　　　　40 000
　　贷：长期借款——工商银行　　　　40 000

②年末计提贷款利息，计算该项长期贷款利息：40 000×6%×（6÷12）=1200（元）

借：其他支出　　　　　　　　　　　　1 200
　　贷：应付款　　　　　　　　　　　1 200

③年末支付信用社贷款利息：

借：应付款　　　　　　　　　　　　　1 200
　　贷：银行存款　　　　　　　　　　1 200

④贷款到期，归还本息：

借：长期借款——工商银行　　　　　　40 000
　　其他支出　　　　　　　　　　　　1 200
　　贷：银行存款　　　　　　　　　　41 200

二、专项应付款

(一) 专项应付款的内容

专项应付款是指合作社接受国家财政直接补助的资金。这部分资金具有专门用途,主要是扶持引导合作社发展,支持合作社开展信息、培训、农产品质量标准与论证、农业生产基础设施建设、市场营销和技术推广等服务。

(二) 专项应付款的核算

为加强对专项应付款的管理,及时反映专项应付款的取得、使用和结存状况,合作社应设置"专项应付款"账户。该账户属于负债类账户,贷方登记取得专项应付款的数额;借方登记使用专项应付款的数额和转入专项基金的数额;期末贷方余额反映结存专项应付款的数额。

【例】合作社收到国家财政直接补助资金100 000元。

借:银行存款　　　　　　　　　　100 000
　　贷:专项应付款　　　　　　　　100 000

【例】合作社支付培训费用5 000元。

借:专项应付款　　　　　　　　　　5 000
　　贷:银行存款　　　　　　　　　　5 000

【例】合作社按资金用途购买机器设备,支付50 000元。

借:固定资产　　　　　　　　　　 50 000
　　贷:银行存款　　　　　　　　　 50 000
借:专项应付款　　　　　　　　　 50 000
　　贷:专项基金　　　　　　　　　 50 000

第八章　农民专业合作社会计报表与会计档案

第一节　会计报表概述

一、会计报表的种类

会计报表是在日常核算的基础上，以统一的格式、统一的量度，更集中、更概括、更深刻地反映合作社某一特定日期财务状况和某一会计期间经营成果的书面报告文件。编制会计报表是会计核算的专门方法之一。《农民专业合作社财务会计制度（试行）》规定：

①合作社应编制资产负债表、盈余及盈余分配表、成员权益变动表、科目余额表和收支明细表、财务状况说明书等。

②合作社应按登记机关规定的时限和要求，及时报送资产负债表、盈余及盈余分配表和成员权益变动表。各级农村经营管理部门，应对所辖地区报送的合作社资产负债表、盈余及盈余分配表和成员权益变动表进行审查，然后逐级汇总上报，同时附送财务状况说明书，按规定时间报农业部。

③收支明细表和科目余额表的格式和编制由省、自治区、直辖市财政部门和农村经营管理部门规定。重点是供合作社内部管理使用。

二、会计报表编报要求

合作社应按照规定准确、及时、完整地编制会计报表，向登记机关、农村经营管理部门和有关单位报送，并按时置备于办公地点，供成员查阅。

三、会计报表编制前的准备工作

为了能及时编制出数字真实、计算正确、内容完整的会计报表，合作社必须认真做好编制会计报表前的准备工作。

（一）财产清查

就是通过对实物的盘点，对银行存款、往来款项的清理核对，查明各项财产物资、货币资金、往来款项的实有数与账面数的差异，然后调整账面记录使其与实际数相符的方法。合作社在编制会计报表前应进行财产清查，目的是做到实相符。由于财产清查的工作量较大，一般应采取月度重点抽查，年度再进行全面清查。

（二）账目核对

账目核对是指把有关账项进行核对，做到"账账相符"。核对账目包括外部核对和内部核对。外部核对是指合作社与其他单位往来账项的核对，内部核对是指合作社内部总账与明细帐、总帐与日记账的核对。在编制会计报表前，这些账项都要核对相符。

（三）调整账项

调整账项就是根据权责发生制的原则，将应属于本期的收入和费用全部登记入账，以便正确确定本期的财务成果。

（四）结账

结账是指在当期的经济业务全部入账的基础上，计算出所有账户的本期发生额并计算出期末余额。

（五）编制试算平衡表

检查账务处理是否正确。

在做好上述准备工作后，接下来就可按规定编制会计报表。

第二节 资产负债表

一、什么是资产负债表

（一）资产负债表的特点

资产负债表又称财务状况表，是反映合作社在一定日期（如在月末、季末、半年末或年末时）资产、负债和所有者权益状况的会计报表。它记录的是合作社在某个期间结束的时候的资产、负债和所有者权益的状况。资产负债表就如同生活中的一张照片，能够记录和报告的是一个合作社的精彩瞬间。

（二）资产负债表设计原理

资产负债表设计原理是会计恒等式，用公式表示为：资产＝负债＋股东权益。

在某一特定时点，资产等于负债加所有者权益的数量关系是永恒的。资产讲的是在特定时点合作社拥有哪些可供使用的经济资源，负债和所有者权益揭示的是这些资产是从哪儿来的，即资产的来源或权利，它们是同一事物的两个方面。资产等于负债加所有者权益的公式，又称为会计恒等式，会计恒等式是设计资产负债表的基本依据。

（三）资产负债表的格式

完整的资产负债表包括表头、正表和补充资料3个部分。根据财政部颁布的《农民专业合作社财务会计制度（试行）》的规定,合作社的资产负债表正表采用账户式。账户式资产负债表的特点是,表的结构(如账户),分左右两方,表的左方列示合作社在特定时点的经济资源,即资产,按照资产的流动性,分别列示流动资产和长期资产两大类;右方列示企业在特定时点的负债和所有者权益。负债按流动性分别列示流动负债和长期负债两大类,所有者权益分别列示对合作社的投入和合作社的经营积累两大类。合作社资产负债表具体格式如表8-1所示。

表8-1 资产负债表

编制单位: 年 月 日 单位:元

资产	行次	年初数	年末数	负债和所有者权益	行次	年初数	年末数
流动资产				流动负债			
货币资金	1			短期借款	30		
应收款项	5			应付款项	31		
存货	6			应付工资	32		
流动资产合计	10			应付盈余返还	33		
				应付剩余盈余	35		
长期资产				流动负债合计	36		
对外投资	11						
农业资产:				非流动负债			
畜牧(禽)资产	12			长期借款	40		
林木资产	13			专项应付款	41		
农业资产合计	15			长期负债合计	42		
固定资产:				负债合计	43		
固定资产原值	16						
减:累计折旧	17			所有者权益			
固定资产净值	20			股金	44		
固定资产清理	21			专项基金	45		
在建工程	22			资本公积	46		
固定资产合计	25			盈余公积	47		
其他资产:				未分配盈余	50		
无形资产	27			所有者权益合计	51		
长期资产合计	28			负债及所有者权益合计	54		
资产总计	29						

二、资产负债表的内容和编制

资产负债表"年初数"栏内各项数字，应根据上年资产负债表的"年末数"栏所列数字填列。资产负债表"年末数"各项目的填列方法如下。

1. 资产项目及填列方法

（1）"货币资金"项目。反映合作社库存现金、银行结算户存款等货币资金的合计数。本项目应根据"库存现金""银行存款"科目的年末余额合计填列。

（2）"应收款项"项目。反映合作社应收而未收回和暂付的各种款项，本项目应根据"应收款"和"成员往来"各明细科目的年末借方余额的合计数填列。

（3）"存货"项目。反映合作社年末在库、在途和在加工中的各项存货的价值，包括各种材料、燃料、机械零配件、包装物、种子、化肥、农药、农产品、在产品、半成品、产成品等。本项目应根据"产品物资""受托代销商品""受托代购商品""委托加工物资""委托代销商品""生产成本"科目的年末余额合计填列。

（4）"对外投资"项目。反映合作社的各种投资的账面余额。本项目应根据"对外投资"科目的年末余额填列。

（5）"牲畜（禽）资产"项目。反映合作社购入或培育的幼禽及育肥畜和产役畜的账面余额。本项目应根据"牲畜（禽）资产"科目的年末余额填列。

（6）"林木资产"项目。反映合作社购入或营造的林木的账面余额。本项目应根据"林木资产"科目的年末余额填列。

（7）"固定资产原值"项目和"累计折旧"项目。反映合作社各种固定资产原值及累计折旧，这两个项目应分别根据

"固定资产"科目和"累计折旧"科目的年末余额填列。

（8）"固定资产清理"项目。反映合作社因出售、报废、毁损等原因转入清理但尚未清理完毕的固定资产的账面净值，以及固定资产清理过程中发生的清理费用和变价收入等各项金额的差额。本项目应根据"固定资产清理"科目的年末借方余额填列；如为贷方余额，本项目数字以"-"号表示。

（9）"在建工程"项目。反映合作社各项尚未完工或已完工但尚未办理竣工决算和交付使用的工程项目的实际成本。本项目应根据"在建工程"科目的年末余额填列。

（10）"无形资产"项目。反映合作社持有的各项无形资产的账面余额。本项目应根据"无形资产"科目的年末余额填列。

2. 负债项目及填列方法

（1）"短期借款"项目。反映合作社借入尚未归还的一年期（含一年）的借款。本项目应根据"短期借款"科目的年末余额填列。

（2）"应付款项"项目。反映合作社应付而未付及暂收的各种款项。本项目应根据"应付款项"科目年末余额和"成员往来"各明细科目期末贷方余额合计数填列。

（3）"应付工资"项目。反映合作社已提取但尚未支付的人员工资。本项目应根据"应付工资"科目年末余额填列。

（4）"应付盈余返还"项目。反映合作社按交易量（额）应支付但尚未支付给成员的可分配的盈余返还。本项目应根据"应付盈余返还"科目的年末余额填列。

（5）"应付剩余盈余"项目。反映合作社以成员账户中记载的出资额和公积金份额，以及本社接受国家财政直接补助和他人捐赠形成的财产平均量化到本社社员的、应支付但尚未支付给社员的剩余盈余。本项目应根据"应付剩余盈余"科目的年末余额填列。

(6)"长期借款"项目。反映合作社借入尚未归还的1年期以上（不含1年）的借款。本项目应根据"长期借款"科目的年末余额填列。

(7)"专项应付款"项目。反映合作社实际收到国家财政直接补助而尚未使用和结转的资金数额。本项目应根据"专项应付款"科目的年末余额填列。

3. 所有者权益项目及填列方法

(1)"股金"项目。反映合作社实际收到社员投入的股金总额，本项目应根据"股金"科目的年末余额填列。

(2)"专项基金"项目。反映合作社通过国家财政直接补助转入和他人捐赠形成的专项基金总额。本项目应根据"专项基金"科目年末余额填列。

(3)"资本公积"项目。反映合作社资本公积的账面余额。本项目应根据"资本公积"科目的年末余额填列。

(4)"盈余公积"项目。反映合作社盈余公积账面余额。本项目应根据"盈余公积"科目年末余额填列。

(5)"未分配盈余"项目。反映合作社尚未分配的盈余。本项目应根据"本年盈余"科目和"盈余分配"科目的年末余额计算填列；未弥补的亏损，本项目内数字以"－"号表示。

三、资产负债表的作用

资产负债表能够提供合作社在某一日期资产、负债、所有者权益及其相互关系的财务信息，它就好比是生活中的一张照片，记录了企业在月末、或年末时刻的一个精彩瞬间。它的作用至少可以表现在以下几个方面。

(1) 可以提供合作社在某一个特定日期拥有的资产总量及其结构的财务信息。资产负债表可以展示合作社的实力，报告资源结构。

(2) 可以提供合作社在特定日期的负债总额及其结构的财务信息。资产负债表可以告诉我们合作社在特定时点承担的债务总额、债务项目及偿还债务时间。

(3) 可以反映在特定时点所有者对合作社资产拥有的权益及形成原因。

(4) 将一定时期的资产、负债和所有者权益进行比较，就可以观察合作社财务发展变化的趋势。

(5) 借助资产负债表的分析，还可以判断合作社是否健康，有助于合作社管理层做出经济决策。如我们通过计算资产负债率，可以判断合作社的潜在风险有多大；通过计算流动比率和速动比率，可以判断合作社短期偿债能力强不强，尤其是可以判断合作社是否可以岁岁平安。通过对资产的分析，可以了解资产的质置高不高，资产的结构是否合理，资产的使用效率高不高。通过对负债的分析，可以进一步排查合作社的现实风险和潜在风险。

第三节 盈余及盈余分配表

一、什么是盈余及盈余分配表

盈余及盈余分配表反映合作社在一定期间内实现盈余及其分配的实际情况。该表包括以下2个部分。

(1) 计算和报告本年盈余，计算公式为：

经营收益 = 经营收入 + 投资收益 − 经营支出 − 管理费用

本年盈余 = 经营收益 + 其他收入 – 其他支出

（2）计算和报告可分配盈余、盈余分配和年末未分配盈余，计算公式为：

可分配盈余 = 本年盈余 + 年初未分配盈余 + 其他转入

年末未分配盈余 = 可分配盈余 – 提取盈余公积 – 盈余返还 – 剩余盈余分配

盈余及盈余分配表的公式如表 8 – 2 所示。

表 8 – 2　盈余及盈余分配表

年　　　　　　　　　　　　　　　　　　　　　　　　单位：元

项目	行次	金额	项目	行次	金额
本年盈余			盈余分配		
一、经营收入	1		四、本年盈余	16	
加：投资收益	2		加：期初未分配盈余	17	
减：经营支出	5		其他转入	18	
管理费用	6		五、可分配盈余	21	
二、经营收益	10		减：提取盈余公积	22	
加：其他收入	11		盈余返还	23	
减：其他支出	12		剩余盈余分配	24	
三、本年盈余	15		六、年末未分配盈余	28	

二、盈余及盈余分配表的内容和编制

1. 本年盈余部分

（1）"经营收入"项目。反映合作社进行生产、销售、服务、劳务等活动取得的收入总额，本项目应根据"经营收入"科目的发生额分析填列。

（2）"投资收益"项目。反映合作社以各种方式对外投资所取得的收益，本项目应根据"投资收益"科目的发生额分析填列；如为投资损失，以"–"号填列。

（3）"经营支出"项目。反映合作社进行生产、销售、服务、劳务等活动发生的费用，本项目应根据"经营支出"科目的发生额分析填列。

(4)"管理费用"项目。反映合作社为组织和管理生产经营服务活动而发生的费用,本项目应根据"管理费用"科目的发生额分析填列。

(5)"其他收入"项目和"其他支出"项目。反映合作社除从事主要生产经营活动以外而取得的收入和发生的支出,本项目应根据"其他收入"和"其他支出"科目的发生额分析填列。

(6)"本年盈余"项目。反映合作社本年实现的盈余总额,如为亏损总额,本项目数字以"-"号填列。

2. 盈余分配部分

(1)"本年盈余"项目。根据"盈余及盈余分配表"的本年盈余部分计算的本年盈余项目直接填列。

(2)"年初未分配盈余"项目。反映合作社上年度未分配的盈余,本项目应根据上年度盈余及盈余分配表中的"年末未分配盈余"数额填列。

(3)"其他转入"项目。反映合作社按规定用公积金弥补亏损等转入的数额,本项目应根据实际转入的公积金数额填列。

(4)"可分配盈余"项目。反映合作社年末可供分配的盈余总额,本项目应根据"本年盈余"项目、"年初未分配盈余"项目和"其他转入"项目的合计数填列。

(5)"提取盈余公积"项目。反映合作社按规定提取的盈余公积数额,本项目应根据实际提取的盈余公积数额填列。

(6)"盈余返还"项目。反映合作社按交易量(额)应返还给成员的盈余,本项目应根据"盈余分配"科目的发生额分析填列。

(7)"剩余盈余分本"项目。反映合作社按规定应分配给成员的剩余可分配盈余,本项目应根据"盈余分配"科目的发生额分析填列。

(8)"年末未分配盈余"项目。反映合作社年末累计未分配的盈余,本项目应根据"可分配盈余"项目扣除各项分配数额的差额填列,如为未弥补的亏损,本项目数字以"-"号填列。

三、盈余及盈余分配的作用

合作社编制盈余及盈余分配表的作用主要有2个方面。

①计算和报告合作社在某一会计期间盈余形成的过程,包括发生的收入、费用和计算的盈余。

②报告可分配盈余的来源,计其和报告可分配的盈余,报告盈余分配的去向,计算和报告年末未分配盈余。

第四节 成员权益变动表和财务状况说明书

一、成员权益变动表

1. 什么是成员权益变动表

成员权益变动表是报告年度合作社成员权益增减变动情况的会计报表。它的格式如表8-3所示。

2. 成员权益变动表的编制方法

本表各项目应根据"股金""专项基金""资本公积""盈余公积""未分配盈余"科目的发生额分析填列。

"未分配盈余"的本年增加数是指本年实现盈余数(净亏损以-号填列)。

表 8-3　成员权益变动表

编制单位：　　　　　　　　　　　　　　　　　　　　　　　年　　　　　　　　　　　　　　　　　　　　　　　单位：元

项目	股金	其中：			专项基金	其中：		资本公积	其中：		盈余公积	其中：	未分配盈余	其中：		合计
		资本公积转增	盈余公积转增	成员增加出资		国家财政直接补助	接受捐赠转入		股金溢价	资产评估增值		从盈余中提取		按交易量（额）分配的盈余	剩余盈余分配	
年初余额																
本年增加数																
本年减少数																
年末余额																

二、成员账户

1. 什么是成员账户

成员账户是反映合作社成员入社出资额、量化到成员的公积金份额、成员与本社的交易量（额）以及返还给成员的盈余和剩余盈余金额的会计报表。成员账户的格式如表 8-4 所示。

2. 成员账户登记方法

年初将上年各项公积金数额转入；本年发生公积金份额变化时，按实际发生变化数填列调整；"形成财产的财政补助资金量化份额""捐赠财产量化份额"在年度终了，或合作社进行剩余盈余分配时，根据实际发生情况或变化情况计算填列调整。

成员与合作社发生经济业务往来时，"交易量（额）"按实际发生数填列。

年度终了，以"成员出资""公积金份额""形成财产的财政补助资金量化份额""捐赠财产量化份额"合计数汇总成员应享有的合作社公积金份额，以"盈余返还金额"和"剩余盈余返还金额"合计数汇总为成员全年盈余返还总额。

三、财务状况说明书

1. 什么是财务状况说明书

财务状况说明书是对合作社一定会计期间生产经营、提供劳务服务以及财务、成本情况进行分析说明的书面文件。根据《农民专业合作社财务会计制度（试行）》规定，合作社应在

表8-4 成员账户

成员姓名：　　　　　　　联系地址：　　　　　　　第 页

编号	年		摘要	成员出资	公积金份额	形成财产的财政补助资金量化份额	捐赠财产量化份额	交易量		交易额		盈余返还金额	剩余盈余返还金额
	月	日						产品1	产品2	产品1	产品2		
1													
2													
3													
4													
5													
年终合计					公积金总额：					盈余返还总额：			

年末对年度内财务状况进行全面系统分析,并编制财务状况说明书。

2. 财务状况说明书的内容

合作社的财务状况说明书至少包括下列内容。

(1) 合作社生产经营服务的基本情况包括合作社的股金总额、成员总数、农民成员数及所占比例、主要服务对象、主要经营项目等情况。

(2) 成员权益结构包括:①理事长、理事、执行理事、监事会成员名单及变动情况;②各成员的出资额,量化为各成员的公积金份额,以及成员入和退社情况;③企事业单位或社会团体成员个数及所占的比例;④成员权益变动情况。

(3) 其他重要事项包括:①变更主要经营项目;②从事的进出口贸易;③重大财产处理、大额举债、对外投资和担保;④接受捐赠;⑤国家财政支持和税收优惠;⑥与成员的交易量(额)和与利用其提供的服务的非成员的交易量(额);⑦提取盈余公积的比例;⑧盈余分配方案、亏损处理方案;⑨未决诉讼、仲裁。

第五节 收支明细表和科目余额表

一、收支明细表

收支明细表是按月编制的、反映合作社在会计年度各月与年内至每个月末止累计发生的各项收支明细项目的会计报表。本表应根据构成本年盈余的各项收支科目发生额分析计算填列。收支明细表的格式如表 8-5 所示。

表 8-5 收支明细表

编制单位：　　　　　　　　　　　　　年　　　　月　　单位：元

项目	序号	本月数	本年累计数	项目	序号	本月数	本年累计数
一、经营收入				一、经营支出			
1. 产品销售收入				1. 销售产品成本			
2. 委托代销收入				2. 销售费用			
3. 代购代销收入				3. 销售物资成本			
4. 服务收入				4. 销售牲畜成本			
5. 劳务收入				5. 销售林木成本			
				6. 经济林木摊销			
				7. 运输费			
二、其他收入				8. 固定资产折旧			
1. 利息收入				9. 其他经营支出			
2. 资产金盈收入							
3. 物资盘盈收入							
4. 罚没收入				二、管理费用			
				1. 管理人员报酬			
				2. 办公费			
				3. 差旅费			
三、投资收益				4. 固定资产折旧			
1. 投资分得利润				5. 业务招待费			
2. 债券利息				6. 无形资产摊销			
3. 现金股利							
4. 转让收回收益							
				三、其他支出			
				1. 贷款利息			
				2. 农业资产损失			
				3. 资产物资盘亏			
				4. 罚款支出			
				5. 捐赠支出			
				6. 坏账损失			
				7. 税金			
收入合计				支出合计			
收支差额							

二、科目余额表

科目余额表是合作社按月编制、用以反映月末各会计科目余额的会计报表。科目余额表也是试算平衡表,是编制资产负债表的基础。编制科目余额表,可以检查合作社账目是否正确,依据科目余额表也可以分析财务状况和收支状况。科目余额表的格式如表8-6所示。

表8-6 科目余额表

编制单位: 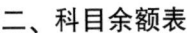年　　月　　　　　　　单位:元

序号	科目编号	科目名称	期初余额		本期发生额		期末余额	
			借方	贷方	借方	贷方	借方	贷方
1	101	库存现金						
2	102	银行存款						
3	113	应收款						
4	114	成员往来						
5	121	产品物资						
6	124	委托加工物资						
7	125	委托代销商品						
8	127	受托代购商品						
9	128	受托代销商品						
10	131	对外投资						
11	141	牲畜(禽)资产						
12	142	林木资产						
13	151	固定资产						
14	152	累计折旧						
15	153	在建工程						
16	154	固定资产清理						

(续表)

序号	科目编号	科目名称	期初余额		本期发生额		期末余额	
			借方	贷方	借方	贷方	借方	贷方
17	161	无形资产						
18	201	短期借款						
19	211	应付款						
20	212	应付工资						
21	221	应付盈余返还						
22	222	应付剩余盈余						
23	231	长期借款						
24	235	专项应付款						
25	301	股金						
26	311	专项基金						
27	321	资本公积						
28	322	盈余公积						
29	331	本年盈余						
30	332	盈余分配						
31	401	生产成本						
32	501	经营收入						
33	502	其他收入						
34	511	投资收益						
35	521	经营支出						
36	522	管理费用						
37	529	其他支出						
		合计						

第九章 农民专业合作社财务管理十问

（一）合作社合并或者分立后，债权和债务如何处置？

农民专业合作社合并，是指几个合作社通过订立合并协议，合并为一个合作社的法律行为；合作社的分立是指一个合作社分成几个合作社的法律行为。

农民专业合作社进行生产经营，不可避免地会对外产生债权债务。合作社合并后，至少有一个合作社丧失法人资格，而且存续或者新设的合作社也与以前的合作社不同，对于合作社合并前的债权债务，必须要有人承继。因此，合作社合并的法律后果之一就是债权、债务的承继，即合并后存续的合作社或者新设立的合作社，必须无条件地接受因合并而消灭的合作社的对外债权与债务。《农民专业合作社法》第三十九条规定，农民专业合作社合并，应当自合并决议作出之日起十日内通知债权人。合并各方的债权、债务应当由合并后存续或者新设的组织承继。

《农民专业合作社法》第四十条规定，农民专业合作社分立，其财产作相应的分割，并应当自分立决议作出之日起十日内通知债权人。分立前的债务由分立后的组织承担连带责任。但是，在分立前与债权人就债务清偿达成的书面协议另有约定的除外。

农民专业合作社的分立一般会影响债权人的利益，根据《农民专业合作社法》规定，合作社分立前债务的承担有以下两种方式：一是按约定办理。债权人与分立的合作社就债权清偿问题达成书面协议的，按照协议办理。二是承担连带责任。合作社分立前未与债权人就清偿债务问题达成书面协议的，分立后的合作社承担连带责任。债权人可以向分立后的任何一方请求自己的债权，要求履行债务。被请求的一方不得以各种非法定的理由拒绝履行偿还义务。否则，债权人有权依照法定程序向人民法院起诉。

（二）农民专业合作社在哪些情况下解散？

农民专业合作社解散，是指合作社因发生法律规定的解散事由而停止业务活动，最终使法人资格消灭的法律行为。根据《农民专业合作社法》第四十一条的规定，合作社有下列情形之一的，应当解散。

（1）章程规定的解散事由出现。一般来说，解散事由是合作社章程的必要记载事项，合作社的设立大会在制定合作社章程时，可以预先约定合作社的各种解散事由，如合作社的存续期间、完成特定业务活动等。如果在合作社经营中，规定的解散事由出现，成员大会或者成员代表大会可以决议解散合作社。如果此时不想解散，可以通过修改章程的办法，使合作社继续存续，但这种情况应当办理变更登记。

（2）成员大会决议解散。成员大会是合作社的权力机构，根据《农民专业合作社法》的规定，它有权对合作社的解散事项作出决议。《农民专业合作社法》第二十三条规定，农民专业合作社召开成员大会，作出解散的决议应当由本社成员表决权总数的2/3以上通过。章程对表决权数有较高规定的，从其规定。成员大会决议解散合作社，不受合作社章程规定的解散事由的约束，可以在合作社章程规定的解散事由出现前，根据成员的意愿决议解散合作社。

(3) 因合并或者分立需要解散。当合作社吸收合并时，吸收方存续，被吸收方解散；当合作社新设合并时，合并各方均解散。当合作社分立时，如果原合作社存续，则不存在解散问题；如果原合作社分立后不再存在，则原合作社应解散。合作社的合并、分立应由成员大会作出决议。

(4) 依法被吊销营业执照或者被撤销。依法被吊销营业执照是指依法剥夺被处罚合作社已经取得的营业执照，使其丧失合作社经营资格。被撤销是指由行政机关依法撤销农民专业合作社登记。如《农民专业合作社法》第五十四条规定，农民专业合作社向登记机关提供虚假登记材料或者采取其他欺诈手段取得登记的，由登记机关责令改正；情节严重的，撤销登记。当合作社违反法律、行政法规被吊销营业执照或者被撤销的，应当解散。

(三) 农民专业合作社解散后如何进行清算？

农民专业合作社清算，指农民专业合作社解散后，依照法定程序清理合作社债权债务，处理合作社剩余财产，使合作社归于消灭的法律行为。《中华人民共和国民法通则》第四十条规定，法人终止，应当依法进行清算，停止清算范围外的活动。清算的目的是为了保护合作社成员和债权人的利益，除合作社合并、分立两种情形外，合作社解散后都应当依法进行清算。

因章程规定的解散事由出现、成员大会决议解散或者依法被吊销营业执照、被撤销等原因解散的，应当在解散事由出现之日起十五日内由成员大会推举成员组成清算组，开始解散清算。逾期不能组成清算组的，成员、债权人可以向人民法院申请指定成员组成清算组进行清算，人民法院应当受理该申请，并及时指定成员组成清算组进行清算。清算组是指在合作社清算期间负责清算事务执行的法定机构。合作社一旦进入清算程序，理事会、理事、经理即应停止执行职务，而由清算组行使管理合作社业务和财产的职权，对内执行清算业务，对外代表合作社。清算组自成立之日起接管农民专业合作社，负责处理与清算有关未了结业务，清理财产和债权、债务，分配清偿债务后的剩余财产，代表农民专业合作社参与诉讼、仲裁或者其他法律程序，并在清算结束时办理注销登记。清算组成员应当忠于职守，依法履行清算义务，因故意或者重大过失给农民专业合作社成员及债权人造成损失的，应当承担赔偿责任。农民专业合作社清算工作的程序是如下。

（1）通知、公告合作社成员和债权人。合作社在解散清算时，由清算组通知本社成员和债权人有关情况，通知公告债权人在法定期间内申报自己的债权。为了顺利完成债权登记、债务清偿和财产分配，避免和减少纠纷，《农民专业合作社法》对清算组通知、公告合作社成员和债权人的期限和方式作了限定：清算组应当自成立之日起十日内通知本社成员和明确知道的债权人；对于不明确的债权人或者不知道具体地址和其他联系方式的，由于难以通知其申报债权，清算组应自成立之日起六十日内在报纸上公告，催促债权人申报债权。但如果在规定的期间内全部成员、债权人均已收到通知，则免除清算组的公告义务。债权人应在规定的期间内向清算组申报债权。具体来说，收到通知书的债权人应自收到通知书之日起三十日内，向清算组申报债权；未收到通知书的债权人应自公告之日起四十五日内，向清算组申报债权。债权人申报债权时，应明确提出其债权内容、数额、债权成立的时间、地点、有无担保等事项，并提供相关证明材料，清算组对债权人提出的债权申报应当逐一查实，并作出准确详实的登记。

在债权申报期间内,清算组不能对债权人进行清偿,如果清算组在此期间对已经明确的债权人进行清偿,有可能造成后申报债权的债权人不能得到清偿,这是对其他债权人权利的严重侵害。

(2) 制定清算方案。清算方案是由清算组制定的,如何清偿债务、如何分配合作社剩余财产的一整套计划。清算组在清理合作社财产,编制资产负债表和财产清单后,应尽快制定包括清偿农民专业合作社员工的工资及社会保险费用,清偿所欠税款和其他各项债务,以及分配剩余财产在内的清算方案。清算组制定出清算方案后,应报成员大会通过或者人民法院确认。

(3) 实施清算方案。清算方案经农民专业合作社成员大会通过或者人民法院确认后实施。清算方案的实施必须在支付清算费用、清偿员工工资及社会保险费用,清偿所欠税款和其他各项债务后,再按财产分配的规定向成员分配剩余财产。如果发现合作社财产不足以清偿债务的,清算组应当停止清算工作,依法向人民法院申请破产。

(4) 清算结束办理注销登记。这是清算组的最后一项工作,办理完合作社的注销登记,清算组的职权终止,清算组即行解散,不得再以合作社清算组的名义进行活动。

(四) 农民专业合作社破产时,如何处理与成员尚未结清的款项?

《农民专业合作社法》第四十八条规定,农民专业合作社破产适用《中华人民共和国企业破产法》的有关规定。但是,破产财产在清偿破产费用和共益债务后,应当优先清偿破产前与农民成员已发生交易但尚未结清的款项。上述规定是对合作社破产财产优先清偿顺序的规定,体现了对农民成员权益的特殊保护，包含两层意思：一是，农民专业合作社的破产财产在清偿破产费用和共益债务后，应当优先清偿破产前与农民成员已发生交易但尚未结清的款项。享有优先受偿权的只限于农民成员。二是，在优先清偿破产前与农民成员已发生交易但尚未结清的款项之后，合作社破产财产的清偿顺序再适用《企业破产法》的有关规定。

（五）农民专业合作社解散和破产时，能否办理成员退社手续？

《农民专业合作社法》第四十四条规定，农民专业合作社因章程规定的解散事由出现、成员大会决议解散、因合并或者分立需要解散或者依法被吊销营业执照、被撤销等原因解散，或者人民法院受理破产申请时，不能办理成员退社手续。因为成员退社时需要按照章程规定的方式和期限，退还记载在该成员账户内的出资额和公积金份额。如果在农民专业合作社解散和破产时，成员办理退社手续、分配财产，将影响清算的进行，并严重损害合作社其他成员和债权人的利益。因此，在农民专业合作社解散和破产时，不能办理成员退社手续。

（六）农民专业合作社解散和破产时，接受国家财政直接补助形成的财产如何处置？

《农民专业合作社法》第四十六条规定，农民专业合作社接受国家财政直接补助形成的财产，在解散、破产清算时，不得作为可分配剩余资产分配给成员。国家财政直接补助是国家为扶持农民专业合作社的发展，提高合作社的服务水平和竞争能力，使成员通过合作社获得更多收入，让成员充分分享合作社的利益而发放的。这对于资金缺乏、规模弱小，尚处于初始阶段的农民专业合作社具有显著的扶持作用。国家财政直接补助不是补助合作社中的某个成员，因此其形成的财产，不能在清算时分配给成员。关于合作社解散和破产时，接受国家财政直接补助形成的财产如何处置，《农民专业合作社法》授权国务院制定处置办法。

（七）什么是农民专业合作社的可分配盈余？可分配盈余应当如何分配？

《农民专业合作社法》第三十七条明确规定了可分配盈余的计算方法和分配办法。

（1）合作社经营所产生的剩余，《农民专业合作社法》称之为盈余。举个简单的例子，假设一家农产品销售合作社，将成员的农产品（假设共3 000千克）按11元/千克卖给市场，为了弥补在销售农产品过程中所发生的运输、人工等费用，合作社会首先按10元/千克付钱给农民，同时按每千克1元留在合作社3 000元钱。假设年终经过核算所有费用合计为2 000元，这样合作社就产生了1 000元剩余（3 000元 - 2 000元）。这1 000元剩余，实际上就是成员的农产品出售所得扣除共同销售费用后的剩余，即合作社的盈余。

（2）可分配盈余是在弥补亏损、提取公积金后，可供当年分配的那部分盈余。如上面的例子，虽然当年的盈余为1 000元，但如果合作社上一年有200元的亏损，在分配前就应当先扣除200元以弥补亏损。如果按照章程或者成员大会规定需要提取200元作为公积金，那么当年的可分配盈余就只有600元（1 000元 - 200元 - 200元）。

（3）可分配盈余的分配，主要应根据交易量（额）的比例进行返还。根据《农民专业合作社法》第三十七条的规定，按交易量（额）比例返还的盈余不得低于可分配盈余的60%。农民专业合作社是从事同类农业生产的农民组建的互助性经济组织。成员利用合作社的服务是合作社生存和发展的基础。比如农产品销售合作社,如果成员都不通过合作社销售农产品,合作社就收购不到农产品,也就无法运转。对于农业生产资料合作社来讲,如果成员不通过合作社购买生产资料,合作社也就失去了存在的必要。因此,成员享受合作社服务的量(即与合作社的交易量)就是衡量成员对合作社贡献的最重要依据。成员与合作社的交易量也就是产生合作社盈余的最重要来源(当然,成员出资也扮演了重要角色)。因此,《农民专业合作社法》规定,按交易量(额)比例返还的盈余不得低于可分配盈余的60%。

(4)按交易量(额)的比例返还是盈余返还的主要方式,但不是唯一途径。根据《农民专业合作社法》第三十七条第二款的规定,合作社可以根据自身情况,按照成员账户中记载的出资和公积金份额,以及本社接受国家财政直接补助和他人捐赠形成的财产平均量化到成员的份额,按比例分配部分利润。这是因为,在现实中,一个合作社中成员出资不同的情况大量存在。在我国农村资金比较缺乏、合作社资金实力较弱的情况下,必须足够重视成员出资在合作社运作和获得盈余中的作用。适当按照出资进行盈余分配,可以使出资多的成员获得较多的盈余,从而实现鼓励成员出资、壮大合作社资金实力的目的。此外,成员账户中记载的公积金份额、本社接受国家财政直接补助和他人捐赠形成的财产平均量化到成员的份额,也都应当作为盈余分配时考虑的依据,这是因为,补助和捐赠的财产是以合作社为对象的,而由此财产产生的盈余则应当归全体成员平均所有。

(八)为什么农民专业合作社的公积金要量化为每个成员的份额?如何量化?

《农民专业合作社法》第三十五条第二款规定,合作社每年提取的公积金应按照章程规定量化为每个成员的份额，这是合作社在财务核算中的一个重要特点。农民专业合作社的公积金的产生，来源于成员对合作社的利用，本质上是属于合作社的成员所有的，为了明晰合作社与成员的财产关系，保护成员的合法权益，《农民专业合作社法》规定公积金必须量化为每个成员的份额。

为了鼓励成员更多地利用合作社，在一般情况下，公积金的量化标准主要依据当年该成员与合作社的交易量（额）来确定。当然，合作社也可以根据自身情况，根据其他标准进行公积金的量化，一种是以成员出资为标准进行量化，另一种是把成员出资和交易量（额）结合起来考虑，两者各占一定的比例来进行量化，还可以单纯以成员平均的办法量化。举一个单纯以交易量（额）为标准进行量化的例子：假设有张、王、李、赵、陈五人分别出资20 000元组建农民专业合作社，这样在组建时五人对合作社财产的占有比例都是20%。假设当年五位成员分别通过合作社销售农产品400千克、300千克、200千克、50千克和50千克。合作社对外的销售价格是12元/千克，为扣除运输、储藏等环节的费用，合作社以10元/千克的价格向成员收购，每千克合作社留下了2元钱。这样由于共同销售1 000千克，合作社就获得2 000元的购销差价。如果年终核算时各种费用合计为1 000元，当年就会产生1 000元的盈余。对于这1 000元的盈余，与合作社交易量大的成员做出的贡献大，在分配盈余时就要相应地体现出来。因此，老张获得的分配比例就应当是40%。如果从中提取100元的公积金，老张也应该占有40%的份额，这与他们最初组建时的出资比例是不同的。此外，由于成员与合作社的交易量、出资比例每年都会发生变化，每年的盈余分配比例也会有所变化，因此，应当每年都对公积金进行量化。需要特别注意的是，每年公积金的量化情况应当记载在成员账户中。

（九）农民专业合作社提取的公积金应当用于哪些方面？

公积金是农民专业合作社为了巩固自身的财产基础、提高本组织的对外信用和预防意外亏损，依照法律和章程的规定，从利润中积存的资金。根据《农民专业合作社法》第三十五条的规定，农民专业合作社可以按照章程规定或者成员大会决议从当年盈余中提取公积金。公积金用于弥补亏损、扩大生产经营或转为成员出资。这一条说明了合作社提取公积金的程序、方式和用途。

（1）农民专业合作社是否提取公积金，由其章程或者成员大会决定，不是强制性的规定。这是因为不同种类的农民专业合作社对资金的需求不同，不同种类的农民专业合作社的盈利状况也不一样，因此，不能强求每个农民专业合作社都提取公积金，而是要根据合作社自身对资金的需要和盈利状况，由章程或者成员大会自主决定。

（2）公积金从农民专业合作社的当年盈余中提取，比例由章程或者合作社成员大会决定。只有当年合作社有了盈余，即合作社的收入在扣除各种费用后还有剩余时，才可以提取公积金。

（3）公积金的用途主要有3种：一是弥补亏损。由于市场风险和自然风险的存在，合作社的经营可能会出现波动，有的年度可能有利润，有时则可能出现亏损。有了亏损，就会影响合作社的正常经营和运转。因此，在合作社经营状况好的年份，在盈余中提取公积金以弥补以往的亏损或者防备未来的亏损，才能维持合作社的正常经营和健康发展。二是扩大生产经营。为了给成员提供更好的服务，合作社需要扩大生产经营，如购买更多的农业机械、加工设备，建设储藏农产品的设施、购买运输车辆等，这些都需要增加合作社的资金实力。在没有成员增加新投资的情况下，在当年盈余中提取公积金，可以积累扩大生产经营所需要的资金。三是转为成员的出资。在合作社有盈余时，可以提取公积金并将这些成员所占份额转为成员出资。

（十）农民专业合作社应当如何向成员报告财务情况？

农民专业合作社应当每年向其成员报告财务情况，这是合作社保护成员基本权利的重要做法，也是合作社理事会的重要职责。农民专业合作社法明确规定了成员的这一权利，并对合作社向成员公布财务情况的时间、地点和内容等作出了具体规定。

《农民专业合作社法》第十六条规定，成员享有查阅本社的章程、成员名册、成员大会或者成员代表大会记录、理事会会议决议、监事会会议决议、财务会计报告和会计账簿的权利。

《农民专业合作社法》第二十二条和第三十三条就合作社向成员公布财务情况的地点、时间和内容作出了具体规定。

（1）合作社的理事会或理事长应当提前十五日公布有关报告。

（2）财务报告应当置于合作社的办公地点，以便成员查阅。考虑到农民专业合作社的成员数量较多，向每位成员分送财务报告的成本太高。因此，本法规定合作社可以将报告置于办公地点供成员查阅。

（3）财务报告应当包括年度业务报告、债权债务报告、盈余分配（或亏损处理）报告等。

附录1

中华人民共和国农民专业合作社法

目 录

第一章 总则
第二章 设立和登记
第三章 成员
第四章 组织机构
第五章 财务管理
第六章 合并、分立、解散和清算
第七章 扶持政策
第八章 法律责任
第九章 附则

第一章 总则

第一条 为了支持、引导农民专业合作社的发展,规范农民专业合作社的组织和行为,保护农民专业合作社及其成员的合法权益,促进农业和农村经济的发展,制定本法。

第二条 农民专业合作社是在农村家庭承包经营基础上,同类农产品的生产经营者或者同类农业生产经营服务的提供者、利用者,自愿联合、民主管理的互助性经济组织。

农民专业合作社以其成员为主要服务对象,提供农业生产资料的购买，农产品的销售、加工、运输、储藏以及与农业生产经营有关的技术、信息等服务。

第三条 农民专业合作社应当遵循下列原则：

（一）成员以农民为主体；

（二）以服务成员为宗旨，谋求全体成员的共同利益；

（三）入社自愿、退社自由；

（四）成员地位平等，实行民主管理；

（五）盈余主要按照成员与农民专业合作社的交易量（额）比例返还。

第四条 农民专业合作社依照本法登记，取得法人资格。

农民专业合作社对由成员出资、公积金、国家财政直接补助、他人捐赠以及合法取得的其他资产所形成的财产，享有占有、使用和处分的权利，并以上述财产对债务承担责任。

第五条 农民专业合作社成员以其账户内记载的出资额和公积金份额为限对农民专业合作社承担责任。

第六条 国家保护农民专业合作社及其成员的合法权益，任何单位和个人不得侵犯。

第七条 农民专业合作社从事生产经营活动，应当遵守法律、行政法规，遵守社会公德、商业道德，诚实守信。

第八条 国家通过财政支持、税收优惠和金融、科技、人才的扶持以及产业政策引导等措施，促进农民专业合作社的发展。

国家鼓励和支持社会各方面力量为农民专业合作社提供服务。

第九条 县级以上各级人民政府应当组织农业行政主管部门和其他有关部门及有关组织，依照本法规定，依据各自职责，对农民专业合作社的建设和发展给予指导、扶持和服务。

第二章 设立和登记

第十条 设立农民专业合作社，应当具备下列条件：

（一）有五名以上符合本法第十四条、第十五条规定的成员；

（二）有符合本法规定的章程；

（三）有符合本法规定的组织机构；

（四）有符合法律、行政法规规定的名称和章程确定的住所；

（五）有符合章程规定的成员出资。

第十一条 设立农民专业合作社应当召开由全体设立人参加的设立大会。设立时自愿成为该社成员的人为设立人。设立大会行使下列职权：

（一）通过本社章程，章程应当由全体设立人一致通过；

（二）选举产生理事长、理事、执行监事或者监事会成员；

（三）审议其他重大事项。

第十二条 农民专业合作社章程应当载明下列事项：

（一）名称和住所；

（二）业务范围；

（三）成员资格及入社、退社和除名；

（四）成员的权利和义务；

（五）组织机构及其产生办法、职权、任期、议事规则；

（六）成员的出资方式、出资额；

（七）财务管理和盈余分配、亏损处理；

（八）章程修改程序；

（九）解散事由和清算办法；

（十）公告事项及发布方式；

（十一）需要规定的其他事项。

第十三条 设立农民专业合作社，应当向工商行政管理部门提交下列文件，申请设立登记：

（一）登记申请书；

（二）全体设立人签名、盖章的设立大会纪要；

（三）全体设立人签名、盖章的章程；

（四）法定代表人、理事的任职文件及身份证明；

（五）出资成员签名、盖章的出资清单；

（六）住所使用证明；

（七）法律、行政法规规定的其他文件。

登记机关应当自受理登记申请之日起20日内办理完毕，向符合登记条件的申请者颁发营业执照。

农民专业合作社法定登记事项变更的，应当申请变更登记。农民专业合作社登记办法由国务院规定。办理登记不得收取费用。

第三章 成员

第十四条 具有民事行为能力的公民，以及从事与农民专业合作社业务直接有关的生产经营活动的企业、事业单位或者社会团体，能够利用农民专业合作社提供的服务，承认并遵守农民专业合作社章程，履行章程规定的入社手续的，可以成为农民专业合作社的成员。但是，具有管理公共事务职能的单位不得加入农民专业合作社。

农民专业合作社应当置备成员名册，并报登记机关。

第十五条 农民专业合作社的成员中,农民至少应当占成员总数的80%。

成员总数20人以下的,可以有1个企业、事业单位或者社会团体成员;成员总数超过20人的,企业、事业单位和社会团体成员不得超过成员总数的5%。

第十六条 农民专业合作社成员享有下列权利:

(一)参加成员大会,并享有表决权、选举权和被选举权,按照章程规定对本社实行民主管理;

(二)利用本社提供的服务和生产经营设施;

(三)按照章程规定或者成员大会决议分享盈余;

(四)查阅本社的章程、成员名册、成员大会或者成员代表大会记录、理事会会议决议、监事会会议决议、财务会计报告和会计账簿;

(五)章程规定的其他权利。

第十七条 农民专业合作社成员大会选举和表决,实行一人一票制,成员各享有一票的基本表决权。

出资额或者与本社交易量(额)较大的成员按照章程规定,可以享有附加表决权。本社的附加表决权总票数,不得超过本社成员基本表决权总票数的20%。享有附加表决权的成员及其享有的附加表决权数,应当在每次成员大会召开时告知出席会议的成员。

章程可以限制附加表决权行使的范围。

第十八条 农民专业合作社成员承担下列义务:

(一)执行成员大会、成员代表大会和理事会的决议;

(二)按照章程规定向本社出资;

(三)按照章程规定与本社进行交易;

(四)按照章程规定承担亏损;

（五）章程规定的其他义务。

第十九条 农民专业合作社成员要求退社的，应当在财务年度终了的3个月前向理事长或者理事会提出；其中，企业、事业单位或者社会团体成员退社，应当在财务年度终了的6个月前提出；章程另有规定的，从其规定。退社成员的成员资格自财务年度终了时终止。

第二十条 成员在其资格终止前与农民专业合作社已订立的合同，应当继续履行；章程另有规定或者与本社另有约定的除外。

第二十一条 成员资格终止的，农民专业合作社应当按照章程规定的方式和期限，退还记载在该成员账户内的出资额和公积金份额；对成员资格终止前的可分配盈余，依照本法第三十七条第二款的规定向其返还。

资格终止的成员应当按照章程规定分摊资格终止前本社的亏损及债务。

第四章 组织机构

第二十二条 农民专业合作社成员大会由全体成员组成，是本社的权力机构，行使下列职权：

（一）修改章程；

（二）选举和罢免理事长、理事、执行监事或者监事会成员；

（三）决定重大财产处置、对外投资、对外担保和生产经营活动中的其他重大事项；

（四）批准年度业务报告、盈余分配方案、亏损处理方案；

（五）对合并、分立、解散、清算作出决议；

（六）决定聘用经营管理人员和专业技术人员的数量、资格和任期；

（七）听取理事长或者理事会关于成员变动情况的报告；

（八）章程规定的其他职权。

第二十三条 农民专业合作社召开成员大会，出席人数应当达到成员总数2/3以上。

成员大会选举或者作出决议，应当由本社成员表决权总数过半数通过；作出修改章程或者合并、分立、解散的决议应当由本社成员表决权总数的2/3以上通过。章程对表决权数有较高规定的，从其规定。

第二十四条 农民专业合作社成员大会每年至少召开一次，会议的召集由章程规定。有下列情形之一的，应当在20日内召开临时成员大会：

（一）30%以上的成员提议；

（二）执行监事或者监事会提议；

（三）章程规定的其他情形。

第二十五条 农民专业合作社成员超过150人的，可以按照章程规定设立成员代表大会。成员代表大会按照章程规定可以行使成员大会的部分或者全部职权。

第二十六条 农民专业合作社设理事长一名，可以设理事会。理事长为本社的法定代表人。

农民专业合作社可以设执行监事或者监事会。理事长、理事、经理和财务会计人员不得兼任监事。

理事长、理事、执行监事或者监事会成员，由成员大会从本社成员中选举产生，依照本法和章程的规定行使职权，对成员大会负责。

理事会会议、监事会会议的表决，实行一人一票。

第二十七条 农民专业合作社的成员大会、理事会、监事会，应当将所议事项的决定作成会议记录，出席会议的成员、理事、监事应当在会议记录上签名。

第二十八条 农民专业合作社的理事长或者理事会可以按照成员大会的决定聘任经理和财务会计人员，理事长或者理事可以兼任经理。经理按照章程规定或者理事会的决定，可以聘任其他人员。

经理按照章程规定和理事长或者理事会授权，负责具体生产经营活动。

第二十九条 农民专业合作社的理事长、理事和管理人员不得有下列行为：

（一）侵占、挪用或者私分本社资产；

（二）违反章程规定或者未经成员大会同意，将本社资金借贷给他人或者以本社资产为他人提供担保；

（三）接受他人与本社交易的佣金归为己有；

（四）从事损害本社经济利益的其他活动。

理事长、理事和管理人员违反前款规定所得的收入，应当归本社所有；给本社造成损失的，应当承担赔偿责任。

第三十条 农民专业合作社的理事长、理事、经理不得兼任业务性质相同的其他农民专业合作社的理事长、理事、监事、经理。

第三十一条 执行与农民专业合作社业务有关公务的人员，不得担任农民专业合作社的理事长、理事、监事、经理或者财务会计人员。

第五章 财务管理

第三十二条 国务院财政部门依照国家有关法律、行政法规,制定农民专业合作社财务会计制度。农民专业合作社应当按照国务院财政部门制定的财务会计制度进行会计核算。

第三十三条 农民专业合作社的理事长或者理事会应当按照章程规定,组织编制年度业务报告、盈余分配方案、亏损处理方案以及财务会计报告,于成员大会召开的15日前,置备于办公地点,供成员查阅。

第三十四条 农民专业合作社与其成员的交易、与利用其提供的服务的非成员的交易,应当分别核算。

第三十五条 农民专业合作社可以按照章程规定或者成员大会决议从当年盈余中提取公积金。公积金用于弥补亏损、扩大生产经营或者转为成员出资。

每年提取的公积金按照章程规定量化为每个成员的份额。

第三十六条 农民专业合作社应当为每个成员设立成员账户,主要记载下列内容:

(一) 该成员的出资额;

(二) 量化为该成员的公积金份额;

(三) 该成员与本社的交易量(额)。

第三十七条 在弥补亏损、提取公积金后的当年盈余,为农民专业合作社的可分配盈余。

可分配盈余按照下列规定返还或者分配给成员,具体分配办法按照章程规定或者经成员大会决议确定:

(一) 按成员与本社的交易量(额)比例返还,返还总额不得低于可分配盈余的60%;

（二）按前项规定返还后的剩余部分，以成员账户中记载的出资额和公积金份额，以及本社接受国家财政直接补助和他人捐赠形成的财产平均量化到成员的份额，按比例分配给本社成员。

第三十八条　设立执行监事或者监事会的农民专业合作社，由执行监事或者监事会负责对本社的财务进行内部审计，审计结果应当向成员大会报告。

成员大会也可以委托审计机构对本社的财务进行审计。

第六章　合并、分立、解散和清算

第三十九条　农民专业合作社合并，应当自合并决议作出之日起10日内通知债权人。合并各方的债权、债务应当由合并后存续或者新设的组织承继。

第四十条　农民专业合作社分立，其财产作相应的分割，并应当自分立决议作出之日起10日内通知债权人。分立前的债务由分立后的组织承担连带责任。但是，在分立前与债权人就债务清偿达成书面协议，另有约定的除外。

第四十一条　农民专业合作社因下列原因解散：

（一）章程规定的解散事由出现；

（二）成员大会决议解散；

（三）因合并或者分立需要解散；

（四）依法被吊销营业执照或者被撤销。

因前款第一项、第二项、第四项原因解散的，应当在解散事由出现之日起15日内由成员大会推举成员组成清算组，开始解散清算。逾期不能组成清算组的，成员、债权人可以向人民法院申请指定成员组成清算组进行清算，人民法院应当受理该申请，并及时指定成员组成清算组进行清算。

第四十二条 清算组自成立之日起接管农民专业合作社，负责处理与清算有关未了结业务，清理财产和债权、债务，分配清偿债务后的剩余财产，代表农民专业合作社参与诉讼、仲裁或者其他法律程序，并在清算结束时办理注销登记。

第四十三条 清算组应当自成立之日起10日内通知农民专业合作社成员和债权人，并于60日内在报纸上公告。债权人应当自接到通知之日起30日内，未接到通知的自公告之日起45日内，向清算组申报债权。如果在规定期间内全部成员、债权人均已收到通知，免除清算组的公告义务。

债权人申报债权，应当说明债权的有关事项，并提供证明材料。清算组应当对债权进行登记。

在申报债权期间，清算组不得对债权人进行清偿。

第四十四条 农民专业合作社因本法第四十一条第一款的原因解散，或者人民法院受理破产申请时，不能办理成员退社手续。

第四十五条 清算组负责制定包括清偿农民专业合作社员工的工资及社会保险费用，清偿所欠税款和其他各项债务，以及分配剩余财产在内的清算方案，经成员大会通过或者申请人民法院确认后实施。

清算组发现农民专业合作社的财产不足以清偿债务的，应当依法向人民法院申请破产。

第四十六条 农民专业合作社接受国家财政直接补助形成的财产，在解散、破产清算时，不得作为可分配剩余资产分配给成员，处置办法由国务院规定。

第四十七条 清算组成员应当忠于职守，依法履行清算义务，因故意或者重大过失给农民专业合作社成员及债权人造成损失的，应当承担赔偿责任。

第四十八条 农民专业合作社破产适用企业破产法的有关规定。但是，破产财产在清偿破产费用和共益债务后，应当优先清偿破产前与农民成员已发生交易但尚未结清的款项。

第七章 扶持政策

第四十九条 国家支持发展农业和农村经济的建设项目，可以委托和安排有条件的有关农民专业合作社实施。

第五十条 中央和地方财政应当分别安排资金，支持农民专业合作社开展信息、培训、农产品质量标准与认证、农业生产基础设施建设、市场营销和技术推广等服务。对民族地区、边远地区和贫困地区的农民专业合作社和生产国家与社会急需的重要农产品的农民专业合作社给予优先扶持。

第五十一条 国家政策性金融机构应当采取多种形式，为农民专业合作社提供多渠道的资金支持。具体支持政策由国务院规定。

国家鼓励商业性金融机构采取多种形式，为农民专业合作社提供金融服务。

第五十二条 农民专业合作社享受国家规定的对农业生产、加工、流通、服务和其他涉农经济活动相应的税收优惠。支持农民专业合作社发展的其他税收优惠政策，由国务院规定。

第八章 法律责任

第五十三条 侵占、挪用、截留、私分或者以其他方式侵犯农民专业合作社及其成员的合法财产，非法干预农民专业合作社及其成员的生产经营活动，向农民专业合作社及其成员摊派，强迫农民专业合作社及其成员接受有偿服务，造成农民专业合作社经济损失的，依法追究法律责任。

第五十四条 农民专业合作社向登记机关提供虚假登记材料或者采取其他欺诈手段取得登记的，由登记机关责令改正；情节严重的，撤销登记。

第五十五条 农民专业合作社在依法向有关主管部门提供的财务报告等材料中，作虚假记载或者隐瞒重要事实的，依法追究法律责任。

第九章 附则

第五十六条 本法自2007年7月1日起施行。

附录2

农民专业合作社财务会计制度

（试行）

一、总　　则

（一）为了规范农民专业合作社（以下简称合作社）会计工作，保护农民专业合作社及其成员的合法权益，根据《中华人民共和国会计法》《中华人民共和国农民专业合作社法》及有关规定，结合合作社的实际情况，制定本制度。

（二）本制度适用于依照《中华人民共和国农民专业合作社法》设立并取得法人资格的合作社。

（三）合作社应根据本制度规定和会计业务需要，设置会计账簿，配备必要的会计人员。不具备条件的，也可以本着民主、自愿的原则，委托农村经营管理机构或代理记账机构代理记账、核算。

（四）合作社应按本制度规定，设置和使用会计科目，登记会计账簿，编制会计报表。

会计核算以人民币"元"为金额单位，"元"以下填至"分"。

（五）合作社的会计核算采用权责发生制。会计记账方法采用借贷记账法。

（六）合作社会计核算应当划分会计期间，分期结算账目。一个会计年度自公历1月1日起至12月31日止。

（七）合作社会计信息应定期、及时向本合作社成员公开，接受成员的监督。对于成员提出的问题，会计及管理人员应及时解答，确实存在错误的要立即纠正。

（八）财政部门依照《中华人民共和国会计法》规定职责，对合作社的会计工作进行管理和监督。

农村经营管理部门依照《中华人民共和国农民专业合作社法》和有关法规政策等，对合作社会计工作进行指导和监督。

（九）本制度自2008年1月1日起施行。

二、会计核算的基本要求

（一）合作社的资产分为流动资产、农业资产、对外投资、固定资产和无形资产等。

（二）合作社的流动资产包括现金、银行存款、应收款项、存货等。

（三）合作社必须根据有关法律法规，结合实际情况，建立健全货币资金内部控制制度。

合作社应当建立货币资金业务的岗位责任制，明确相关岗位的职责权限。明确审批人和经办人对货币资金业务的权限、程序、责任和相关控制措施。

合作社收取现金时手续要完备，使用统一规定的收款凭证。合作社取得的所有现金均应及时入账，不准以白条抵库，不准挪用，不准公款私存。

合作社要及时、准确地核算现金收入、支出和结存，做到账款相符。要组织专人定期或不定期清点核对现金。

合作社要定期与银行、信用社或其他金融机构核对账目。支票和财务印鉴不得由同一人保管。

（四）合作社的应收款项包括本社成员和非本社成员的各项应收及暂付款项。合作社对拖欠的应收款项要采取切实可行的措施积极催收。

（五）合作社应当建立健全销售业务内部控制制度，明确审批人和经办人的权限、程序、责任和相关控制措施。

合作社应当按照规定的程序办理销售和发货业务。应当在销售与发货各环节设置相关的记录、填制相应的凭证，并加强有关单据和凭证的相互核对工作。

合作社应当按照有关规定及时办理销售收款业务，应将销售收入及时入账，不得账外设账。

合作社应当加强销售合同、发货凭证、销售发票等文件和凭证的管理。

（六）合作社应当建立健全采购业务内部控制制度，明确审批人和经办人的权限、程序、责任和相关控制措施。

合作社应当按照规定的程序办理采购与付款业务。应当在采购与付款各环节设置相关的记录、填制相应的凭证，并加强有关单据和凭证的相互核对工作。在办理付款业务时，应当对采购发票、结算凭证、验收证明等相关凭证进行严格审核。

合作社应当加强对采购合同、验收证明、入库凭证、采购发票等文件和凭证的管理。

（七）合作社的存货包括种子、化肥、燃料、农药、原材料、机械零配件、低值易耗品、在产品、农产品、工业产成品、受托代销商品、受托代购商品、委托代销商品和委托加工物资等。

存货按照下列原则计价：购入的物资按照买价加运输费、

装卸费等费用、运输途中的合理损耗等计价；受托代购商品视同购入的物资计价；生产入库的农产品和工业产成品，按生产过程中发生的实际支出计价；委托加工物资验收入库时，按照委托加工物资的成本加上实际支付的全部费用计价；受托代销商品按合同或协议约定的价格计价，出售受托代销商品时，实际收到的价款大于合同或协议约定价格的差额计入经营收入，实际收到的价款小于合同或协议约定价格的差额计入经营支出；委托代销商品按委托代销商品的实际成本计价。领用或出售的出库存货成本的确定，可在"先进先出法""加权平均法""个别计价法"等方法中任选一种，但是一经选定，不得随意变动。

合作社对存货要定期盘点核对，做到账实相符，年末必须进行一次全面的盘点清查。盘亏、毁损和报废的存货，按规定程序批准后，按实际成本扣除应由责任人或者保险公司赔偿的金额和残料价值后的余额，计入其他支出。

（八）合作社应当建立健全存货内部控制制度，建立保管人员岗位责任制。存货入库时，保管员清点验收入库，填写入库单；出库时，由保管员填写出库单，主管负责人批准，领用人签名盖章，保管员根据批准后的出库单出库。

（九）合作社根据国家法律、法规规定，可以采用货币资金、实物资产或者购买股票、债券等有价证券方式向其他单位投资。

（十）合作社的对外投资按照下列原则计价：

以现金、银行存款等货币资金方式向其他单位投资的，按照实际支付的款项计价。

以实物资产（含牲畜和林木）方式向其他单位投资的，按照评估确认或者合同、协议确定的价值计价。

合作社以实物资产方式对外投资，其评估确认或合同、协议确定的价值必须真实、合理，不得高估或低估资产价值。实物资产重估确认价值与其账面净值之间的差额，计入资本公积。

合作社对外投资分得的现金股利或利润、利息等计入投资收益。出售、转让和收回对外投资时，按实际收到的价款与其账面余额的差额，计入投资收益。

（十一）合作社应当建立健全对外投资业务内部控制制度，明确审批人和经办人的权限、程序、责任和相关控制措施。

合作社的对外投资业务（包括对外投资决策、评估及其收回、转让与核销），应当由理事会提交成员大会决策，严禁任何个人擅自决定对外投资或者改变成员大会的决策意见。

合作社应当建立对外投资责任追究制度，对在对外投资中出现重大决策失误、未履行集体审批程序和不按规定执行对外投资业务的人员，应当追究相应的责任。

合作社应当对对外投资业务各环节设置相应的记录或凭证，加强对审批文件、投资合同或协议、投资方案书、对外投资有关权益证书、对外投资处置决议等文件资料的管理，明确各种文件资料的取得、归档、保管、调阅等各个环节的管理规定及相关人员的职责权限。

合作社应当加强对投资收益的控制，对外投资获取的利息、股利以及其他收益，均应纳入会计核算，严禁设置账外账。

（十二）合作社要建立有价证券管理制度，加强对各种有价证券的管理。要建立有价证券登记簿，详细记载各有价证券的名称、券别、购买日期、号码、数量和金额。有价证券要由专人管理。

(十三)合作社的农业资产包括牲畜(禽)资产和林木资产等。

农业资产按下列原则计价:购入的农业资产按照购买价及相关税费等计价;幼畜及育肥畜的饲养费用、经济林木投产前的培植费用、非经济林木郁闭前的培植费用按实际成本计入相关资产成本;产役畜、经济林木投产后,应将其成本扣除预计残值后的部分在其正常生产周期内按直线法分期摊销,预计净残值率按照产役畜、经济林木成本的5%确定,已提足折耗但未处理仍继续使用的产役畜、经济林木不再摊销;农业资产死亡毁损时,按规定程序批准后,按实际成本扣除应由责任人或者保险公司赔偿的金额后的差额,计入其他收支;合作社其他农业资产,可比照牲畜(禽)资产和林木资产的计价原则处理。

(十四)合作社的房屋、建筑物、机器、设备、工具、器具和农业基本建设设施等,凡使用年限在一年以上,单位价值在500元以上的列为固定资产。有些主要生产工具和设备,单位价值虽低于规定标准,但使用年限在一年以上的,也可列为固定资产。

合作社以经营租赁方式租入和以融资租赁方式租出的固定资产,不应列作合作社的固定资产。

(十五)合作社应当根据具体情况分别确定固定资产的入账价值:

1. 购入的固定资产,不需要安装的,按实际支付的买价加采购费、包装费、运杂费、保险费和交纳的有关税金等计价;需要安装或改装的,还应加上安装费或改装费。

2. 新建的房屋及建筑物、农业基本建设设施等固定资产,按竣工验收的决算价计价。

3. 接受捐赠的全新固定资产，应按发票所列金额加上实际发生的运输费、保险费、安装调试费和应支付的相关税金等计价；无所附凭据的，按同类设备的市价加上应支付的相关税费计价。接受捐赠的旧固定资产，按照经过批准的评估价值或双方确认的价值计价。

4. 在原有固定资产基础上进行改造、扩建的，按原有固定资产的价值，加上改造、扩建工程而增加的支出，减去改造、扩建工程中发生的变价收入计价。

5. 投资者投入的固定资产，按照投资各方确认的价值计价。

（十六）合作社的在建工程指尚未完工、或虽已完工但尚未办理竣工决算的工程项目。在建工程按实际消耗的支出或支付的工程价款计价。形成固定资产的在建工程完工交付使用后，计入固定资产。

在建工程部分发生报废或者毁损，按规定程序批准后，按照扣除残料价值和过失人及保险公司赔款后的净损失，计入工程成本。单项工程报废以及由于自然灾害等非常原因造成的报废或者毁损，其净损失计入其他支出。

（十七）合作社必须建立固定资产折旧制度，按年或按季、按月提取固定资产折旧。固定资产的折旧方法可在"平均年限法""工作量法"等方法中任选一种，但是一经选定，不得随意变动。

合作社应当对所有的固定资产计提折旧，但是，已提足折旧仍继续使用的固定资产除外。

合作社当月或当季度增加的固定资产，当月或当季度不提折旧，从下月或下季度起计提折旧；当月或当季度减少的固定资产，当月或当季度照提折旧，从下月或下季度起不提折旧。

固定资产提足折旧后，不管能否继续使用，均不再提取折旧；提前报废的固定资产，也不再补提折旧。

（十八）固定资产的修理费用直接计入有关支出项目。

固定资产变卖和清理报废的变价净收入与其账面净值的差额计入其他收支。固定资产变价净收入是指变卖和清理报废固定资产所取得的价款减清理费用后的净额。固定资产净值是指固定资产原值减累计折旧后的净额。

（十九）合作社应当建立健全固定资产内部控制制度，建立人员岗位责任制。应当定期对固定资产盘点清查，做到账实相符，年度终了前必须进行一次全面的盘点清查。盘亏及毁损的固定资产，应查明原因，按规定程序批准后，按其原价扣除累计折旧、变价收入、过失人及保险公司赔款之后，计入其他支出。

（二十）合作社的无形资产是指合作社长期使用但是没有实物形态的资产，包括专利权、商标权、非专利技术等。无形资产按取得时的实际成本计价，并从使用之日起，按照不超过10年的期限平均摊销，计入管理费用。转让无形资产取得的收入，计入其他收入；转让无形资产的成本，计入其他支出。

（二十一）每年年度终了，合作社应当对应收款项、存货、对外投资、农业资产、固定资产、在建工程、无形资产等资产进行全面检查，对于已发生损失但尚未批准核销的各项资产，应在资产负债表补充资料中予以披露。这些资产包括：①确实无法收回的应收款项；②盘亏、毁损和报废的存货；③无法收回的对外投资；④死亡毁损的农业资产；⑤盘亏、毁损和报废的固定资产；⑥毁损和报废的在建工程；⑦注销和无效的无形资产。

（二十二）合作社应当定期或不定期对与资产有关的内部控制制度进行监督检查，对发现的薄弱环节，应当及时采取措施，加以纠正和完善。

（二十三）合作社的负债分为流动负债和长期负债。

流动负债是指偿还期在一年以内（含一年）的债务，包括短期借款、应付款项、应付工资、应付盈余返还、应付剩余盈余等。

长期负债是指偿还期超过一年以上（不含一年）的债务，包括长期借款、专项应付款等。

合作社的负债按实际发生的数额计价，利息支出计入其他支出。对发生因债权人特殊原因确实无法支付的应付款项，计入其他收入。

（二十四）合作社应当建立健全借款业务内部控制制度，明确审批人和经办人的权限、程序、责任和相关控制措施。不得由同一人办理借款业务的全过程。

合作社应当对借款业务按章程规定进行决策和审批，并保留完整的书面记录。

合作社应当在借款各环节设置相关的记录、填制相应的凭证，并加强有关单据和凭证的相互核对工作。合作社应当加强对借款合同等文件和凭证的管理。

合作社应当定期或不定期对借款业务内部控制进行监督检查，对发现的薄弱环节，应当及时采取措施，加以纠正和完善。

（二十五）合作社的所有者权益包括股金、专项基金、资本公积、盈余公积、未分配盈余等。

（二十六）合作社对成员入社投入的资产要按有关规定确认和计量。合作社收到成员入社投入的资产，应按双方确认的价值计入相关资产，按享有合作社注册资本的份额计入股金，双方确认的价值与按享有合作社注册资本的份额计算的金额的差额，计入资本公积。

合作社接受国家财政直接补助形成的固定资产、农业资产和无形资产，以及接受他人捐赠、用途不受限制或已按约定使用的资产计入专项基金。

合作社从当年盈余中提取的公积金，计入盈余公积。

（二十七）合作社的生产成本是指合作社直接组织生产或对非成员提供劳务等活动所发生的各项生产费用和劳务成本。

（二十八）合作社的经营收入是指合作社为成员提供农业生产资料的购买，农产品的销售、加工、运输、储藏以及与农业生产经营有关的技术、信息等服务取得的收入，以及销售合作社自己生产的产品、对非成员提供劳务等取得的收入。合作社一般应于产品物资已经发出，服务已经提供，同时收讫价款或取得收取价款的凭据时，确认经营收入的实现。

合作社的其他收入是指除经营收入以外的收入。

（二十九）合作社的经营支出是指合作社为成员提供农业生产资料的购买，农产品的销售、加工、运输、储藏以及与农业生产经营有关的技术、信息等服务发生的实际支出，以及因销售合作社自己生产的产品、对非成员提供劳务等活动发生的实际成本。

管理费用是指合作社管理活动发生的各项支出，包括管理人员的工资、办公费、差旅费、管理用固定资产的折旧、业务招待费、无形资产摊销等。

其他支出是指合作社除经营支出、管理费用以外的支出。

（三十）合作社的本年盈余按照下列公式计算：

本年盈余 = 经营收益 + 其他收入 – 其他支出

其中：

经营收益 = 经营收入 + 投资收益 – 经营支出 – 管理费用

投资收益是指投资所取得的收益扣除发生的投资损失后的数额。

投资收益包括对外投资分得的利润、现金股利和债券利息，以及投资到期收回或者中途转让取得款项高于账面余额的差额等。投资损失包括投资到期收回或者中途转让取得款项低于账面余额的差额。

（三十一）合作社在进行年终盈余分配工作以前，要准确地核算全年的收入和支出；清理财产和债权、债务，真实完整地登记成员个人账户。

三、会计科目

（一）会计科目表

顺序号	科目编号	科目名称
		一、资产类
1	101	库存现金
2	102	银行存款
3	113	应收款
4	114	成员往来
5	121	产品物资
6	124	委托加工物资
7	125	委托代销商品
8	127	受托代购商品
9	128	受托代销商品
10	131	对外投资
11	141	牲畜（禽）资产
12	142	林木资产
13	151	固定资产
14	152	累计折旧

(续表)

顺序号	科目编号	科目名称
15	153	在建工程
16	154	固定资产清理
17	161	无形资产
		二、负债类
18	201	短期借款
19	211	应付款
20	212	应付工资
21	221	应付盈余返还
22	222	应付剩余盈余
23	231	长期借款
24	235	专项应付款
		三、所有者权益类
25	301	股金
26	311	专项基金
27	321	资本公积
28	322	盈余公积
29	331	本年盈余
30	332	盈余分配
		四、成本类
31	401	生产成本
		五、损益类
32	501	经营收入
33	502	其他收入
34	511	投资收益
35	521	经营支出
36	522	管理费用
37	529	其他支出

附注：合作社在经营中涉及使用外埠存款、银行汇票存款、银行本票存款、信用卡存款、信用证保证金存款等各种其他货币资金的，可增设"其他货币资金"科目（科目编号109）；合作社在经营中大量使用包装物，需要单独对其进行核算的，可增设"包装物"科目（科目编号122）；合作社生产经营过程中，有牲畜（禽）资产、林木资产以外的其他农业资产，需要单独对其进行核算的，可增设"其他农业资产"科目（科目编号149），参照"牲畜（禽）资产""林木资产"进行核算；合作社需要分年摊销相关长期费用的，可增设"长期待摊费用"科目（科目编号171）

(二) 会计科目使用说明

101 库存现金

一、本科目核算合作社的库存现金。

二、合作社应严格按照国家有关现金管理的规定收支现金，超过库存现金限额的部分应当及时交存银行，并严格按照本制度规定核算现金的各项收支业务。

三、收到现金时，借记本科目，贷记有关科目；支出现金时，借记有关科目，贷记本科目。

四、本科目期末借方余额，反映合作社实际持有的库存现金。

102 银行存款

一、本科目核算合作社存入银行、信用社或其他金融机构的款项。

二、合作社应当严格按照国家有关支付结算办法，办理银行存款收支业务的结算，并按照本制度规定核算银行存款的各项收支业务。

三、合作社将款项存入银行、信用社或其他金融机构时，借记本科目，贷记有关科目；提取和支出存款时，借记有关科目，贷记本科目。

四、本科目应按银行、信用社或其他金融机构的名称设置明细科目，进行明细核算。

五、本科目期末借方余额，反映合作社实际存在银行、信用社或其他金融机构的款项。

113 应收款

一、本科目核算合作社与非成员之间发生的各种应收以及暂付款项，包括因销售产品物资、提供劳务应收取的款项以及应收的各种赔款、罚款、利息等。

二、合作社发生各种应收及暂付款项时，借记本科目，贷记"经营收入""库存现金""银行存款"等科目；收回款项时，借记"库存现金""银行存款"等科目，贷记本科目。取得用暂付款购得的产品物资、劳务时，借记"产品物资"等科目，贷记本科目。

三、对确实无法收回的应收及暂付款项，按规定程序批准核销时，借记"其他支出"科目，贷记本科目。

四、本科目应按应收及暂付款项的单位和个人设置明细科目，进行明细核算。

五、本科目期末借方余额，反映合作社尚未收回的应收及暂付款项。

114 成员往来

一、本科目核算合作社与其成员的经济往来业务。

二、合作社与其成员发生应收款项和偿还应付款项时，借记本科目，贷记"库存现金""银行存款"等科目；收回应收款项和发生应付款项时，借记"库存现金""银行存款"等科目，贷记本科目。

三、合作社为其成员提供农业生产资料购买服务，按实际支付或应付的款项，借记本科目，贷记"库存现金""银行存款""应付款"等科目；按为其成员提供农业生产资料购买而应收取的服务费，借记本科目，贷记"经营收入"等科目；收到成员给付的农业生产资料购买款项和服务费时，借记"库存现金""银行存款"等科目，贷记本科目。

四、合作社为其成员提供农产品销售服务，收到成员交来的产品时，按合同或协议约定的价格，借记"受托代销商品"

等科目，贷记本科目。

五、本科目应按合作社成员设置明细科目，进行明细核算。

六、本科目下属各明细科目的期末借方余额合计数反映成员欠合作社的款项总额；期末贷方余额合计数反映合作社欠成员的款项总额。各明细科目年末借方余额合计数应在资产负债表"应收款项"反映；年末贷方余额合计数应在资产负债表"应付款项"反映。

121 产品物资

一、本科目核算合作社库存的各种产品和物资。

二、合作社购入并已验收入库的产品物资，按实际支付或应支付的价款，借记本科目，贷记"库存现金""银行存款""成员往来""应付款"等科目。

三、合作社生产完工以及委托外单位加工完成并已验收入库的产品物资，按实际成本，借记本科目，贷记"生产成本""委托加工物资"等科目。

四、产品物资销售时，按实现的销售收入，借记"库存现金""银行存款""应收款"等科目，贷记"经营收入"科目；按销售产品物资的实际成本，借记"经营支出"科目，贷记本科目。

五、产品物资领用时，借记"生产成本""在建工程""管理费用"等科目，贷记本科目。

六、合作社的产品物资应当定期清查盘点。盘亏和毁损产品物资，经审核批准后，按照责任人和保险公司赔偿的金额，借记"成员往来""应收款"等科目，按责任人或保险公司赔偿金额后的净损失，借记"其他支出"科目，按盘亏和毁损产品物资的账面余额，贷记本科目。

七、本科目应按产品物资品名设置明细科目，进行明细核算。

八、本科目期末借方余额，反映合作社库存产品物资的实际成本。

124 委托加工物资

一、本科目核算合作社委托外单位加工的各种物资的实际成本。

二、发给外单位加工的物资，按委托加工物资的实际成本，借记本科目，贷记"产品物资"等科目。

按合作社支付该项委托加工的全部费用（加工费、运杂费等），借记本科目，贷记"库存现金""银行存款"等科目。

三、加工完成验收入库的物资，按加工收回物资的实际成本和剩余物资的实际成本，借记"产品物资"等科目，贷记本科目。

四、本科目应按加工合同和受托加工单位等设置明细账，进行明细核算。

五、本科目期末借方余额，反映合作社委托外单位加工但尚未加工完成物资的实际成本。

125 委托代销商品

一、本科目核算合作社委托外单位销售的各种商品的实际成本。

二、发给外单位销售的商品时，按委托代销商品的实际成本，借记本科目，贷记"产品物资"等科目。

三、收到代销单位报来的代销清单时，按应收金额，借记"应收款"科目，按应确认的收入，贷记"经营收入"科目；按应支付的手续费等，借记"经营支出"科目，贷记"应收款"科目；同时，按代销商品的实际成本（或售价），借记

"经营支出"等科目，贷记本科目；收到代销款时，借记"银行存款"等科目，贷记"应收款"科目。

四、本科目应按代销商品或委托单位等设置明细账，进行明细核算。

五、本科目期末借方余额，反映合作社委托外单位销售但尚未收到代销商品款的商品的实际成本。

127 受托代购商品

一、本科目核算合作社接受委托代为采购商品的实际成本。

二、合作社收到受托代购商品款时，借记"库存现金""银行存款"等科目，贷记"成员往来"等科目。

三、合作社受托采购商品时，按采购商品的价款，借记本科目，贷记"库存现金""银行存款""应付款"等科目。

四、合作社将受托代购商品交付给委托方时，按代购商品的实际成本，借记"成员往来""应付款"等科目，贷记本科目；如果受托代购商品收取手续费，按应收取的手续费，借记"成员往来"等科目，贷记"经营收入"科目。收到手续费时，借记"库存现金""银行存款"等科目，贷记"成员往来"等科目。

五、本科目应按受托方设置明细账，进行明细核算。

六、本科目期末借方余额，反映合作社受托采购尚未交付商品的实际成本。

128 受托代销商品

一、本科目核算合作社接受委托代销商品的实际成本。

二、合作社收到委托代销商品时，按合同或协议约定的价格，借记本科目，贷记"成员往来"等科目。

三、合作社售出受托代销商品时，按实际收到的价款，借记"库存现金""银行存款"等科目，按合同或协议约定的价格，贷记本科目，如果实际收到的价款大于合同或协议约定的价格，按其差额，贷记"经营收入"等科目；如果实际收到的价款小于合同或协议约定的价格，按其差额，借记"经营支出"等科目。

四、合作社给付委托方代销商品款时，借记"成员往来"等科目，贷记"库存现金""银行存款"等科目。

五、本科目应按委托代销方设置明细账，进行明细核算。

六、本科目期末借方余额，反映合作社尚未售出的受托代销商品的实际成本。

131 对外投资

一、本科目核算合作社持有的各种对外投资，包括股票投资、债券投资和合作社兴办企业等投资。

二、合作社以现金或实物资产（含牲畜和林木）等方式进行对外投资时，按照实际支付的价款或合同、协议确定的价值，借记本科目，贷记"库存现金""银行存款"等科目，合同或协议约定的实物资产价值与原账面余额之间的差额，借记或贷记"资本公积"科目。

三、收回投资时，按实际收回的价款或价值，借记"库存现金""银行存款"等科目，按投资的账面余额，贷记本科目，实际收回的价款或价值与账面余额的差额，借记或贷记"投资收益"科目。

四、被投资单位宣告分配现金股利或利润时，借记"应收款"等科目，贷记"投资收益"等科目；实际收到现金股利或利润时，借记"库存现金""银行存款"等科目，贷记"应收款"科目；获得股票股利时，不作账务处理，但应在备查簿中登记所增加的股份。

五、投资发生损失时，按规定程序批准后，按照应由责任人和保险公司赔偿的金额，借记"应收款""成员往来"等科目，按照扣除由责任人和保险公司赔偿的金额后的净损失，借记"投资收益"科目，按照发生损失对外投资的账面余额，贷记本科目。

六、本科目应按对外投资的种类设置明细科目，进行明细核算。

七、本科目期末借方余额，反映合作社对外投资的实际成本。

141 牲畜（禽）资产

一、本科目核算合作社购入或培育的牲畜（禽）的成本。牲畜（禽）资产分幼畜及育肥畜和产役畜两类。

二、合作社购入幼畜及育肥畜时，按购买价及相关税费，借记本科目（幼畜及育肥畜），贷记"库存现金""银行存款""应付款"等科目；发生的饲养费用，借记本科目（幼畜及育肥畜），贷记"应付工资""产品物资"等科目。

三、幼畜成龄转作产役畜时，按实际成本，借记本科目（产役畜），贷记本科目（幼畜及育肥畜）。

四、产役畜的饲养费用不再记入本科目，借记"经营支出"科目，贷记"应付工资""产品物资"等科目。

五、产役畜的成本扣除预计残值后的部分应在其正常生产周期内，按照直线法分期摊销，借记"经营支出"科目，贷记本科目（产役畜）。

六、幼畜及育肥畜和产役畜对外销售时，按照实现的销售收入，借记"库存现金""银行存款""应收款"等科目，贷记"经营收入"科目；同时，按照销售牲畜的实际成本，借记"经营支出"科目，贷记本科目。

七、以幼畜及育肥畜和产役畜对外投资时，按照合同、协议确定的价值，借记"对外投资"科目，贷记本科目，合同或协议确定的价值与牲畜资产账面余额之间的差额，借记或贷记"资本公积"科目。

八、牲畜死亡毁损时，按规定程序批准后，按照过失人及保险公司应赔偿的金额，借记"成员往来""应收款"科目，如发生净损失，则按照扣除过失人和保险公司应赔偿金额后的净损失，借记"其他支出"科目，按照牲畜资产的账面余额，贷记本科目；如产生净收益，则按照牲畜资产的账面余额，贷记本科目，同时按照过失人及保险公司应赔偿金额超过牲畜资产账面余额的金额，贷记"其他收入"科目。

九、本科目应设置"幼畜及育肥畜"和"产役畜"两个二级科目，按牲畜（禽）的种类设置三级明细科目，进行明细核算。

十、本科目期末借方余额，反映合作社幼畜及育肥畜和产役畜的账面余额。

142 林木资产

一、本科目核算合作社购入或营造的林木成本。林木资产分经济林木和非经济林木两类。

二、合作社购入经济林木时，按购买价及相关税费，借记本科目（经济林木），贷记"库存现金""银行存款""应付款"等科目；购入或营造的经济林木投产前发生的培植费用，借记本科目（经济林木），贷记"应付工资""产品物资"等科目。

三、经济林木投产后发生的管护费用，不再记入本科目，借记"经营支出"科目，贷记"应付工资""产品物资"等科目。

四、经济林木投产后，其成本扣除预计残值后的部分应在其正常生产周期内，按照直线法摊销，借记"经营支出"科目，贷记本科目（经济林木）。

五、合作社购入非经济林木时，按购买价及相关税费，借记本科目（非经济林木），贷记"库存现金""银行存款""应付款"等科目；购入或营造的非经济林木在郁闭前发生的培植费用，借记本科目（非经济林木），贷记"应付工资""产品物资"等科目。

六、非经济林木郁闭后发生的管护费用，不再记入本科目，借记"其他支出"科目，贷记"应付工资""产品物资"等科目。

七、按规定程序批准后，林木采伐出售时，按照实现的销售收入，借记"库存现金""银行存款""应收款"等科目，贷记"经营收入"科目；同时，按照出售林木的实际成本，借记"经营支出"科目，贷记本科目。

八、以林木对外投资时，按照合同、协议确定的价值，借记"对外投资"科目，贷记本科目，合同或协议确定的价值与林木资产账面余额之间的差额，借记或贷记"资本公积"科目。

九、林木死亡毁损时，按规定程序批准后，按照过失人及保险公司应赔偿的金额，借记"成员往来""应收款"科目，如发生净损失，则按照扣除过失人和保险公司应赔偿金额后的净损失，借记"其他支出"科目，按照林木资产的账面余额，贷记本科目；如产生净收益，则按照林木资产的账面余额，贷记本科目，同时按照过失人及保险公司应赔偿金额超过林木资产账面余额的金额，贷记"其他收入"科目。

十、本科目应设置"经济林木"和"非经济林木"两个二级科目，按林木的种类设置三级科目，进行明细核算。

十一、本科目期末借方余额，反映合作社购入或营造林木的账面余额。

151 固定资产

一、本科目核算合作社固定资产的原值。

合作社的房屋、建筑物、机器、设备、工具、器具、农业基本建设设施等，凡使用年限在一年以上、单位价值在500元以上的列为固定资产。有些主要生产工具和设备，单位价值虽然低于规定标准，但使用年限在一年以上的，也可列为固定资产。

合作社以经营租赁方式租入和以融资租赁方式租出的固定资产，不应列作合作社的固定资产。

二、固定资产账务处理：

（一）购入不需要安装的固定资产，按原价加采购费、包装费、运杂费、保险费和相关税金等，借记本科目，贷记"银行存款"等科目。购入需要安装的固定资产，先记入"在建工程"科目，待安装完毕交付使用时，按照其实际成本，借记本科目，贷记"在建工程"科目。

（二）自行建造完成交付使用的固定资产，按建造该固定资产的实际成本，借记本科目，贷记"在建工程"科目。

（三）投资者投入的固定资产，按照投资各方确认的价值，借记本科目，按照经过批准的投资者所应拥有以合作社注册资本份额计算的资本金额，贷记"股金"科目，按照两者之间的差额，借记或贷记"资本公积"科目。

（四）收到捐赠的全新固定资产，按照所附发票所列金额加上应支付的相关税费，借记本科目，贷记"专项基金"科目；如果捐赠方未提供有关凭据，则按其市价或同类、类似固定资产的市场价格估计的金额，加上由合作社负担的运输费、保险费、安装调试费等作为固定资产成本，借记本科目，贷记"专项基金"科目。收到捐赠的旧固定资产，按照经过批准的评估价值或双方确认的价值，借记本科目，贷记"专项基金"科目。

（五）固定资产出售、报废和毁损等时，按固定资产账面净值，借记"固定资产清理"科目，按照应由责任人或保险公司赔偿的金额，借记"应收款""成员往来"等科目，按已提折旧，借记"累计折旧"科目，按固定资产原价，贷记本科目。

（六）对外投资投出固定资产时，按照投资各方确认的价值或者合同、协议约定的价值，借记"对外投资"科目，按已提折旧，借记"累计折旧"科目，按固定资产原价，贷记本科目，投资各方确认或协议价与固定资产账面净值之间的差额，借记或贷记"资本公积"科目。

（七）捐赠转出固定资产时，按固定资产净值，转入"固定资产清理"科目，应支付的相关税费，也通过"固定资产清理"科目进行归集，捐赠项目完成后，按"固定资产清理"科目的余额，借记"其他支出"科目，贷记"固定资产清理"科目。

三、合作社应当设置"固定资产登记簿"和"固定资产卡片"，按固定资产类别、使用部门和每项固定资产进行明细核算。

四、本科目期末借方余额，反映合作社期末固定资产的账面原价。

152 累计折旧

一、本科目核算合作社拥有的固定资产计提的累计折旧。

二、生产经营用的固定资产计提的折旧,借记"生产成本"科目,贷记本科目;管理用的固定资产计提的折旧,借记"管理费用"科目,贷记本科目;用于公益性用途的固定资产计提的折旧,借记"其他支出"科目,贷记本科目。

三、本科目只进行总分类核算,不进行明细分类核算。

四、本科目的期末贷方余额,反映合作社提取的固定资产折旧累计数。

153 在建工程

一、本科目核算合作社进行工程建设、设备安装、农业基本建设设施建造等发生的实际支出。购入不需要安装的固定资产,不通过本科目核算。

二、购入需要安装的固定资产,按其原价加上运输、保险、采购、安装等费用,借记本科目,贷记"库存现金""银行存款""应付款"等科目。

三、建造固定资产和兴建农业基本建设设施购买专用物资以及发生工程费用,按实际支出,借记本科目,贷记"库存现金""银行存款""产品物资"等科目。

发包工程建设,根据合同规定向承包企业预付工程款,按实际预付的价款,借记本科目,贷记"银行存款"等科目;以拨付材料抵作工程款的,应按材料的实际成本,借记本科目,贷记"产品物资"等科目;将需要安装的设备交付承包企业进行安装时,应按该设备的成本,借记本科目,贷记"产品物资"等科目。与承包企业办理工程价款结算,补付的工程款,借记本科目,贷记"银行存款""应付款"等科目。

自营的工程,领用物资或产品时,应按领用物资或产品的实际成本,借记本科目,贷记"产品物资"等科目。工程应负担的员工工资等人员费用,借记本科目,贷记"应付工资"

"成员往来"等科目。

四、购建和安装工程完成并交付使用时，借记"固定资产"科目，贷记本科目。

五、工程完成未形成固定资产时，借记"其他支出"等科目，贷记本科目。

六、本科目应按工程项目设置明细科目，进行明细核算。

七、本科目期末借方余额，反映合作社尚未交付使用的工程项目的实际支出。

154 固定资产清理

一、本科目核算合作社因出售、捐赠、报废和毁损等原因转入清理的固定资产净值及其在清理过程中所发生的清理费用和清理收入。

二、出售、捐赠、报废和毁损的固定资产转入清理时，按固定资产账面净值，借记本科目，按已提折旧，借记"累计折旧"科目，按固定资产原值，贷记"固定资产"科目。

清理过程中发生的费用，借记本科目，贷记"库存现金""银行存款"等科目；收回出售固定资产的价款、残料价值和变价收入等，借记"银行存款""产品物资"等科目，贷记本科目；应当由保险公司或过失人赔偿的损失，借记"应收款""成员往来"等科目，贷记本科目。

三、清理完毕后发生的净收益，借记本科目，贷记"其他收入"科目；清理完毕后发生的净损失，借记"其他支出"科目，贷记本科目。

四、本科目应按被清理的固定资产设置明细科目，进行明细核算。

五、本科目期末余额，反映合作社转入清理但尚未清理完毕的固定资产净值，以及固定资产清理过程中所发生的清理费用和变价收入等各项金额的差额。

161 无形资产

一、本科目核算合作社持有的专利权、商标权、非专利技术等各种无形资产的价值。

二、无形资产应按取得时的实际成本计价。合作社按下列原则确定取得无形资产的实际成本，登记入账。

（一）购入的无形资产，按实际支付的价款，借记本科目，贷记"库存现金""银行存款"等科目。

（二）自行开发并按法律程序申请取得的无形资产，按依法取得时发生的注册费、律师费等实际支出，借记本科目，贷记"库存现金""银行存款"等科目。

（三）接受捐赠的无形资产，按照所附发票所列金额加上应支付的相关税费，无所附单据的，按经过批准的价值，借记本科目，贷记"专项基金""银行存款"等科目。

（四）投资者投入的无形资产，按照投资各方确认的价值，借记本科目，按经过批准的投资者所应拥有的以合作社注册资本份额计算的资本金额，贷记"股金"等科目，按两者之间的差额，借记或贷记"资本公积"科目。

三、无形资产从使用之日起，按直线法分期平均摊销，摊销年限不应超过10年。摊销时，借记"管理费用"科目，贷记本科目。

四、出租无形资产所取得的租金收入，借记"银行存款"等科目，贷记"其他收入"科目；结转出租无形资产的成本时，借记"其他支出"科目，贷记本科目。

五、出售无形资产，按实际取得的转让价款，借记"银行存款"等科目，按照无形资产的账面余额，贷记本科目，按应支付的相关税费，贷记"银行存款"等科目，按其差额，贷记"其他收入"或借记"其他支出"科目。

六、本科目应按无形资产类别设置明细科目，进行明细核算。

七、本科目期末借方余额，反映合作社所拥有的无形资产摊余价值。

201 短期借款

一、本科目核算合作社从银行、信用社或其他金融机构，以及外部单位和个人借入的期限在1年以下（含1年）的各种借款。

二、合作社借入各种短期借款时，借记"库存现金""银行存款"科目，贷记本科目。

三、合作社发生的短期借款利息支出，直接计入当期损益，借记"其他支出"科目，贷记"库存现金""银行存款"等科目。

四、归还短期借款时，借记本科目，贷记"库存现金""银行存款"科目。

五、本科目应按借款单位和个人设置明细科目，进行明细核算。

六、本科目期末贷方余额，反映合作社尚未归还的短期借款本金。

211 应付款

一、本科目核算合作社与非成员之间发生的各种应付以及暂收款项，包括因购买产品物资和接受劳务、服务等应付的款项以及应付的赔款、利息等。

二、合作社发生以上应付以及暂收款项时，借记"库存现金""银行存款""产品物资"等科目，贷记本科目。

三、合作社偿还应付及暂收款项时，借记本科目，贷记

"库存现金""银行存款"等科目。

四、合作社确有无法支付的应付款时，按规定程序审批后，借记本科目，贷记"其他收入"科目。

五、本科目应按发生应付款的非成员单位和个人设置明细账，进行明细核算。

六、本科目期末贷方余额，反映合作社应付但尚未付给非成员的应付及暂收款项。

212 应付工资

一、本科目核算合作社应支付给管理人员及固定员工的工资总额。包括在工资总额内的各种工资、奖金、津贴、补助等，不论是否在当月支付，都应通过本科目核算。

二、合作社应按劳动工资制度规定，编制"工资表"，计算各种工资。再由合作社财务会计人员将"工资表"进行汇总，编制"工资汇总表"。

三、提取工资时，根据人员岗位进行工资分配，借记"生产成本""管理费用""在建工程"等科目，贷记本科目。

四、实际支付工资时，借记本科目，贷记"库存现金"等科目。

五、合作社应当设置"应付工资明细账"，按照管理人员和固定员工的姓名、类别以及应付工资的组成内容进行明细核算。

六、本科目期末一般应无余额，如有贷方余额，反映合作社已提取但尚未支付的工资额。

221 应付盈余返还

一、本科目核算合作社按成员与本社交易量（额）比例返还给成员的盈余，返还给成员的盈余不得低于可分配盈余的百分之六十。

二、合作社根据章程规定的盈余分配方案,按成员与本社交易量(额)提取返还盈余时,借记"盈余分配"科目,贷记本科目。实际支付时,借记本科目,贷记"库存现金""银行存款"等科目。

三、本科目应按成员设置明细账,进行明细核算。

四、本科目期末贷方余额,反映合作社尚未支付的盈余返还。

222 应付剩余盈余

一、本科目核算合作社以成员账户中记载的出资额和公积金份额,以及本社接受国家财政直接补助和他人捐赠形成的财产平均量化到本社成员的份额,按比例分配给本社成员的剩余可分配盈余。

二、合作社按交易量(额)返还盈余后,根据章程规定或者成员大会决定分配剩余盈余时,借记"盈余分配"科目,贷记本科目。实际支付时,借记本科目,贷记"库存现金""银行存款"等科目。

三、本科目应按成员设置明细账,进行明细核算。

四、本科目期末贷方余额,反映合作社尚未支付给成员的剩余盈余。

231 长期借款

一、本科目核算合作社从银行等金融机构及外部单位和个人借入的期限在1年以上(不含1年)的各项借款。

二、合作社借入长期借款时,借记"库存现金""银行存款"科目,贷记本科目。

三、合作社长期借款利息应按期计提,借记"其他支出"科目,贷记"应付款"科目。

四、合作社偿还长期借款时,借记本科目,贷记"库存现金""银行存款"科目。支付长期借款利息时，借记"应付款"科目，贷记"库存现金""银行存款"科目。

五、本科目应按借款单位和个人设置明细账，进行明细核算。

六、本科目期末贷方余额，反映合作社尚未偿还的长期借款本金。

235 专项应付款

一、本科目核算合作社接受国家财政直接补助的资金。

二、合作社收到国家财政补助的资金时，借记"库存现金""银行存款"等科目，贷记本科目。

三、合作社按照国家财政补助资金的项目用途，取得固定资产、农业资产、无形资产等时，按实际支出，借记"固定资产""牲畜（禽）资产""林木资产""无形资产"等科目，贷记"库存现金""银行存款"等科目，同时借记本科目，贷记"专项基金"科目；用于开展信息、培训、农产品质量标准与认证、农业生产基础设施建设、市场营销和技术推广等项目支出时，借记本科目，贷记"库存现金""银行存款"等科目。

四、本科目应按国家财政补助资金项目设置明细科目，进行明细核算。

五、本科目期末贷方余额，反映合作社尚未使用和结转的国家财政补助资金数额。

301 股金

一、本科目核算合作社通过成员入社出资、投资入股、公积金转增等所形成的股金。

二、合作社收到成员以货币资金投入的股金，按实际收到的金额，借记"库存现金""银行存款"科目，按成员应享有合作社注册资本的份额计算的金额，贷记本科目，按两者之间的差额，贷记"资本公积"科目。

三、合作社收到成员投资入股的非货币资产，按投资各方确认的价值，借记"产品物资""固定资产""无形资产"等科目，按成员应享有合作社注册资本的份额计算的金额，贷记本科目，按两者之间的差额，贷记或借记"资本公积"科目。

四、合作社按照法定程序减少注册资本或成员退股时，借记本科目，贷记"库存现金""银行存款""固定资产""产品物资"等科目，并在有关明细账及备查簿中详细记录股金发生的变动情况。

五、成员按规定转让出资的，应在成员账户和有关明细账及备查簿中记录受让方。

六、本科目应按成员设置明细科目，进行明细核算。

七、本科目期末贷方余额，反映合作社实有的股金数额。

311 专项基金

一、本科目核算合作社通过国家财政直接补助转入和他人捐赠形成的专项基金。

二、合作社使用国家财政直接补助资金取得固定资产、农业资产和无形资产等时，按实际使用国家财政直接补助资金的数额，借记"专项应付款"科目，贷记本科目。

三、合作社实际收到他人捐赠的货币资金时，借记"库存现金""银行存款"科目，贷记本科目。

合作社收到他人捐赠的非货币资产时，按照所附发票记载金额加上应支付的相关税费，借记"固定资产""产品物资"等科目，贷记本科目；无所附发票的，按照经过批准的评估价值，借记"固定资产""产品物资"等科目，贷记本科目。

四、本科目应按专项基金的来源设置明细科目，进行明细核算。

五、本科目期末贷方余额，反映合作社实有的专项基金数额。

321 资本公积

一、本科目核算合作社形成的资本公积。

二、成员入社投入货币资金和实物资产时，按实际收到的金额和投资各方确认的价值，借记"库存现金""银行存款""固定资产""产品物资"等科目，按其应享有合作社注册资本的份额计算的金额，贷记"股金"科目，按两者之间的差额，贷记或借记本科目。

三、合作社以实物资产方式进行对外投资时，按照投资各方确认的价值，借记"对外投资"科目，按投出实物资产的账面余额，贷记"固定资产""产品物资"等科目，按两者之间的差额，借记或贷记本科目。

四、合作社用资本公积转增股金时，借记本科目，贷记"股金"科目。

五、本科目应按资本公积的来源设置明细科目，进行明细核算。

六、本科目期末贷方余额，反映合作社实有的资本公积数额。

322 盈余公积

一、本科目核算合作社从盈余中提取的盈余公积。

二、合作社提取盈余公积时，借记"盈余分配"科目，贷记本科目。

三、合作社用盈余公积转增股金或弥补亏损等时，借记本科目，贷记"股金""盈余分配"等科目。

四、本科目应按用途设置明细科目，进行明细核算。

五、本科目期末贷方余额，反映合作社实有的盈余公积数额。

331 本年盈余

一、本科目核算合作社本年度实现的盈余。

二、会计期末结转盈余时，应将"经营收入""其他收入"科目的余额转入本科目的贷方，借记"经营收入""其他收入"科目，贷记本科目；同时将"经营支出""管理费用""其他支出"科目的余额转入本科目的借方，借记本科目，贷记"经营支出""管理费用""其他支出"科目。"投资收益"科目的净收益转入本科目的贷方，借记"投资收益"科目，贷记本科目；如为投资净损失，转入本科目的借方，借记本科目，贷记"投资收益"科目。

三、年度终了，应将本年收入和支出相抵后结出的本年实现的净盈余，转入"盈余分配"科目，借记本科目，贷记"盈余分配——未分配盈余"科目；如为净亏损，作相反会计分录，结转后本科目应无余额。

332 盈余分配

一、本科目核算合作社当年盈余的分配（或亏损的弥补）和历年分配后的结存余额。本科目设置"各项分配"和"未分配盈余"两个二级科目。

二、合作社用盈余公积弥补亏损时，借记"盈余公积"科目，贷记本科目（未分配盈余）。

三、按规定提取盈余公积时，借记本科目（各项分配），贷记"盈余公积"等科目。

四、按交易量（额）向成员返还盈余时，借记本科目（各项分配），贷记"应付盈余返还"科目。

五、以合作社成员账户中记载的出资额和公积金份额，以及本社接受国家财政直接补助和他人捐赠形成的财产平均量化到成员的份额,按比例分配剩余盈余时,借记本科目(各项分配),贷记"应付剩余盈余"科目。

六、年终,合作社应将全年实现的盈余总额,自"本年盈余"科目转入本科目,借记"本年盈余"科目,贷记本科目(未分配盈余),如为净亏损,作相反会计分录。同时,将本科目下的"各项分配"明细科目的余额转入本科目"未分配盈余"明细科目,借记本科目(未分配盈余),贷记本科目(各项分配)。年度终了,本科目的"各项分配"明细科目应无余额,"未分配盈余"明细科目的贷方余额表示未分配的盈余,借方余额表示未弥补的亏损。

七、本科目应按盈余的用途设置明细科目,进行明细核算。

八、本科目余额为合作社历年积存的未分配盈余(或未弥补亏损)。

401 生产成本

一、本科目核算合作社直接组织生产或提供劳务服务所发生的各项生产费用和劳务服务成本。

二、合作社发生各项生产费用和劳务服务成本时,应按成本核算对象和成本项目分别归集,借记本科目,贷记"库存现金""银行存款""产品物资""应付工资""成员往来""应付款"等科目。

三、会计期间终了,合作社已经生产完成并已验收入库的产成品,按实际成本,借记"产品物资"科目,贷记本科目。

四、合作社提供劳务服务实现销售时,借记"经营支出"科目,贷记本科目。

五、本科目应按生产费用和劳务服务成本种类设置明细科目,进行明细核算。

六、本科目期末借方余额,反映合作社尚未生产完成的各项在产品和尚未完成的劳务服务成本。

501 经营收入

一、本科目核算合作社销售产品、提供劳务,以及为成员代购代销、向成员提供技术、信息服务等活动取得的收入。

二、合作社实现经营收入时,应按实际收到或应收的价款,借记"库存现金""银行存款""应收款""成员往来"等科目,贷记本科目。

三、本科目应按经营项目设置明细科目,进行明细核算。

四、年终,应将本科目的余额转入"本年盈余"科目的贷方,结转后本科目应无余额。

502 其他收入

一、本科目核算合作社除经营收入以外的其他收入。

二、合作社发生其他收入时,借记"库存现金""银行存款"等科目,贷记本科目。

三、本科目应按其他收入的来源设置明细科目,进行明细核算。

四、年终,应将本科目的余额转入"本年盈余"科目的贷方,结转后本科目应无余额。

511 投资收益

一、本科目核算合作社对外投资取得的收益或发生的损失。

二、合作社取得投资收益时,借记"库存现金""银行存款"等科目,贷记本科目;到期收回或转让对外投资时,按实际取得的价款,借记"库存现金""银行存款"等科目,按原账面余额,贷记"对外投资"科目,按实际取得价款和原账面余额的差额,借记或贷记本科目。

三、本科目应按投资项目设置明细科目,进行明细核算。

四、年终,应将本科目的余额转入"本年盈余"科目的贷方;如为净损失,转入"本年盈余"科目的借方,结转后本科目应无余额。

521 经营支出

一、本科目核算合作社因销售产品、提供劳务,以及为成员代购代销,向成员提供技术、信息服务等活动发生的支出。

二、合作社发生经营支出时,借记本科目,贷记"产品物资""生产成本""应付工资""成员往来""应付款"等科目。

三、本科目应按经营项目设置明细科目,进行明细核算。

四、年终,应将本科目的余额转入"本年盈余"科目的借方,结转后本科目应无余额。

522 管理费用

一、本科目核算合作社为组织和管理生产经营活动而发生的各项支出,包括合作社管理人员的工资、办公费、差旅费、管理用固定资产的折旧、业务招待费、无形资产摊销等。

二、合作社发生管理费用时,借记本科目,贷记"应付工资""库存现金""银行存款""累计折旧""无形资产"等科目。

三、本科目应按管理费用的项目设置明细科目,进行明细核算。

四、年终,应将本科目的余额转入"本年盈余"科目的借方,结转后本科目应无余额。

529 其他支出

一、本科目核算合作社发生的除"经营支出""管理费用"以外的其他各项支出,如农业资产死亡毁损支出、损失、固定资产及产品物资的盘亏、损失、罚款支出、利息支出、捐赠支出、无法收回的应收款项损失等。

二、合作社发生其他支出时,借记本科目,贷记"库存现金""银行存款""产品物资""累计折旧""应付款""固定资产清理"等科目。

三、本科目应按其他支出的项目设置明细科目,进行明细核算。

四、年终,应将本科目的余额转入"本年盈余"科目的借方,结转后本科目应无余额。

四、会计报表

(一)会计报表是反映合作社某一特定日期财务状况和某一会计期间经营成果的书面报告。合作社应按照规定准确、及时、完整地编制会计报表,向登记机关、农村经营管理部门和有关单位报送,并按时置备于办公地点,供成员查阅。

(二)合作社应编制资产负债表、盈余及盈余分配表、成员权益变动表、科目余额表和收支明细表、财务状况说明书等。

合作社应按登记机关规定的时限和要求,及时报送资产负债表、盈余及盈余分配表和成员权益变动表。

各级农村经营管理部门,应对所辖地区报送的合作社资产负债表、盈余及盈余分配表和成员权益变动表进行审查,然后逐级汇总上报,同时附送财务状况说明书,按规定时间报农业部。

（三）资产负债表、盈余及盈余分配表和成员权益变动表格式及编制说明如下，科目余额表和收支明细表的格式及编制说明由各省、自治区、直辖市财政部门和农村经营管理部门根据本制度进行规定。

资产负债表格式：

资产负债表

_____年___月___日

会农社01表

编制单位：　　　　　　　　　　　　　　　　　　　　单位：元

资产	行次	年初数	年末数	负债及所有者权益	行次	年初数	年末数
流动资产：				流动负债：			
货币资金	1			短期借款	30		
应收款项	5			应付款项	31		
存货	6			应付工资	32		
流动资产合计	10			应付盈余返还	33		
				应付剩余盈余	35		
长期资产				流动负债合计	36		
对外投资	11						
农业资产：							
牲畜（禽）资产	12			长期负债：			
林木资产	13			长期借款	40		
农业资产合计	15			专项应付款	41		
固定资产				长期负债合计	42		
固定资产原值	16			负债合计	43		
减：累计折旧	17						
固定资产净值	20						
固定资产清理	21			所有者权益：			
在建工程	22			股金	44		
固定资产合计	25			专项基金	45		
其他资产：				资本公积	46		
无形资产	27			盈余公积	47		
长期资产合计	28			未分配盈余	50		
资产总计	29			所有者权益合计	51		
				负债和所有者权益总计	54		

补充资料：

项目	金额
无法收回、尚未批准核销的应收款项	
盘亏、毁损和报废、尚未批准核销的存货	
无法收回、尚未批准核销的对外投资	
死亡毁损、尚未批准核销的农业资产	
盘亏、毁损和报废、尚未批准核销的固定资产	
毁损和报废、尚未批准核销的在建工程	
注销和无效、尚未批准核销的无形资产	

资产负债表编制说明：

1. 本表反映合作社一定日期全部资产、负债和所有者权益状况。

2. 本表"年初数"栏内各项数字，应根据上年末资产负债表"年末数"栏内所列数字填列。如果本年度资产负债表规定的各个项目的名称和内容同上年度不相一致，应对上年末资产负债表各项目的名称和数字按照本年度的规定进行调整，填入本表"年初数"栏内，并加以书面说明。

3. 本表"年末数"各项目的内容及其填列方法：

（1）"货币资金"项目，反映合作社库存现金、银行结算账户存款等货币资金的合计数。本项目应根据"库存现金""银行存款"科目的年末余额合计填列。

（2）"应收款项"项目，反映合作社应收而未收回和暂付的各种款项。本项目应根据"应收款"和"成员往来"各明细科目年末借方余额合计数合计填列。

（3）"存货"项目，反映合作社年末在库、在途和在加工中的各项存货的价值，包括各种材料、燃料、机械零配件、包装物、种子、化肥、农药、农产品、在产品、半成品、产成品等。本项目应根据"产品物资""受托代销商品""受托代购商品""委托加工物资""委托代销商品""生产成本"科目年末余额合计填列。

（4）"对外投资"项目，反映合作社的各种投资的账面余额。本项目应根据"对外投资"科目的年末余额填列。

（5）"牲畜（禽）资产"项目，反映合作社购入或培育的幼畜及育肥畜和产役畜的账面余额。本项目应根据"牲畜（禽）资产"科目的年末余额填列。

（6）"林木资产"项目，反映合作社购入或营造的林木的账面余额。本项目应根据"林木资产"科目的年末余额填列。

(7)"固定资产原值"项目和"累计折旧"项目,反映合作社各种固定资产原值及累计折旧。这两个项目应根据"固定资产"科目和"累计折旧"科目的年末余额填列。

(8)"固定资产清理"项目,反映合作社因出售、报废、毁损等原因转入清理但尚未清理完毕的固定资产的账面净值,以及固定资产清理过程中所发生的清理费用和变价收入等各项金额的差额。本项目应根据"固定资产清理"科目的年末借方余额填列;如为贷方余额,本项目数字应以"-"号表示。

(9)"在建工程"项目,反映合作社各项尚未完工或虽已完工但尚未办理竣工决算和交付使用的工程项目实际成本。本项目应根据"在建工程"科目的年末余额填列。

(10)"无形资产"项目,反映合作社持有的各项无形资产的账面余额。本项目应根据"无形资产"科目的年末余额填列。

(11)"短期借款"项目,反映合作社借入尚未归还的一年期以下(含一年)的借款。本项目应根据"短期借款"科目的年末余额填列。

(12)"应付款项"项目,反映合作社应付而未付及暂收的各种款项。本项目应根据"应付款"科目年末余额和"成员往来"各明细科目年末贷方余额合计数合计填列。

(13)"应付工资"项目,反映合作社已提取但尚未支付的人员工资。本项目应根据"应付工资"科目的年末余额填列。

(14)"应付盈余返还"项目,反映合作社按交易量(额)应支付但尚未支付给成员的可分配盈余返还。本项目应根据"应付盈余返还"科目的年末余额填列。

(15)"应付剩余盈余"项目,反映合作社以成员账户中记载的出资额和公积金份额,以及本社接受国家财政直接补助和他人捐赠形成的财产平均量化到本社成员的、应支付但尚未支付给成员的剩余盈余。本项目应根据"应付剩余盈余"科目的年末余额填列。

(16)"长期借款"项目,反映合作社借入尚未归还的一年期以上(不含一年)的借款。本项目应根据"长期借款"科目的年末余额填列。

(17)"专项应付款"项目,反映合作社实际收到国家财政直接补助而尚未使用和结转的资金数额。本项目应根据"专项应付款"科目的年末余额填列。

(18)"股金"项目,反映合作社实际收到成员投入的股金总额。本项目应根据"股金"科目的年末余额填列。

(19)"专项基金"项目,反映合作社通过国家财政直接补助转入和他人捐赠形成的专项基金总额。本项目应根据"专项基金"科目年末余额填列。

(20)"资本公积"项目,反映合作社资本公积的账面余额。本项目应根据"资本公积"科目的年末余额填列。

(21)"盈余公积"项目,反映合作社盈余公积的账面余额。本项目应根据"盈余公积"科目的年末余额填列。

(22)"未分配盈余"项目,反映合作社尚未分配的盈余。本项目应根据"本年盈余"科目和"盈余分配"科目的年末余额计算填列;未弥补的亏损,在本项目内数字以"-"号表示。

盈余及盈余分配表格式:

盈余及盈余分配表

_____年

会农社 02 表

编制单位: 单位:元

项目	行次	金额	项目	行次	金额
本年盈余			盈余分配		
一、经营收入	1		四、本年盈余	16	
加:投资收益	2		加:年初未分配盈余	17	
减:经营支出	5		其他转入	18	
管理费用	6		五、可分配盈余	21	
二、经营收益	10		减:提取盈余公积	22	
加:其他收入	11		盈余返还	23	
减:其他支出	12		剩余盈余分配	24	
三、本年盈余	15				
			六、年末未分配盈余	28	

盈余及盈余分配表编制说明:

1. 本表反映合作社一定期间内实现盈余及其分配的实际情况。

2. 本表主要项目的内容及填列方法如下:

(1)"经营收入"项目,反映合作社进行生产、销售、服务、劳务等活动取得的收入总额。本项目应根据"经营收入"科目的发生额分析填列。

(2)"投资收益"项目,反映合作社以各种方式对外投资所取得的收益。本项目应根据"投资收益"科目的发生额分析填列;如为投资损失,以"-"号填列。

(3)"经营支出"项目,反映合作社进行生产、销售、服务、劳务等活动发生的支出。本项目应根据"经营支出"科目的发生额分析填列。

(4)"管理费用"项目,反映合作社为组织和管理生产经营服务活动而发生的费用。本项目应根据"管理费用"科目的发生额分析填列。

(5)"其他收入"项目和"其他支出"项目,反映合作社除从事主要生产经营活动以外而取得的收入和支出,本项目应根据"其他收入"和"其他支出"科目的发生额分析填列。

(6)"本年盈余"项目,反映合作社本年实现的盈余总额。如为亏损总额,本项目数字以"-"号填列。

(7)"年初未分配盈余"项目,反映合作社上年度未分配的盈余。本项目应根据上年度盈余及盈余分配表中的"年末未分配盈余"数额填列。

(8)"其他转入"项目,反映合作社按规定用公积金弥补亏损等转入的数额。本项目应根据实际转入的公积金数额填列。

(9)"可分配盈余"项目,反映合作社年末可供分配的盈余总额。本项目应根据"本年盈余"项目、"年初未分配盈余"项目和"其他转入"项目的合计数填列。

(10)"提取盈余公积"项目,反映合作社按规定提取的盈余公积数额。本项目应根据实际提取的盈余公积数额填列。

(11)"盈余返还"项目,反映按交易量(额)应返还给成员的盈余。本项目应根据"盈余分配"科目的发生额分析填列。

(12)"剩余盈余分配"项目,反映按规定应分配给成员的剩余可分配盈余。本项目应根据"盈余分配"科目的发生额分析填列。

(13)"年末未分配盈余"项目,反映合作社年末累计未分配的盈余。如为未弥补的亏损,本项目数字以"-"号填列。本项目应根据"可分配盈余"项目扣除各项分配数额的差额填列。

成员权益变动表格式:

成员权益变动表

_____年

编制单位： 会农社03表 单位：元

项目	股金				专项基金			资本公积			盈余公积		未分配盈余			合计
		其中:				其中:			其中:			其中:		其中:		
		资本公积转赠	盈余公积转赠	成员增加出资		国家财政直接补助	接受捐赠转入		股金溢价	资产评估增值		从盈余中提取		按交易量（额）分配的盈余	剩余盈余分配	
年初余额																
本年增加数																
本年减少数																
年末余额																

成员权益变动表编制说明：

(1) 本表反映合作社报告年度成员权益增减变动的情况。

(2) 本表各项目应根据"股金""专项基金""资本公积""盈余公积""盈余分配"科目的发生额分析填列。

(3) 未分配盈余的本年增加数是指本年实现盈余数（净亏损以"-"号填列）。

成员账户

成员姓名：　　　　　　　　联系地址：　　　　　　　　　　　　　　　　　　　　　　　　第　　页

编号	年		摘要	成员出资	公积金份额	形成财产的财政补助资金量化份额	捐赠财产量化份额	交易量		交易额		盈余返还金额	剩余盈余返还金额
	月	日						产品1	产品2	产品1	产品2		
1													
2													
3													
4													
5													
年终合计					公积金总额：						盈余返还总额：		

成员账户编制说明：

（1）本表反映合作社成员入社的出资额、量化到成员的公积金份额、成员与本社的交易量（额），以及返还给成员的盈余和剩余盈余金额。

（2）年初将上年各项公积金数额转入，本年发生公积金份额变化时，按实际发生数额列调整。"形成财产的财政补助资金量化份额""捐赠财产量化份额"在年度终了，在合作社进行剩余盈余分配时，根据实际发生情况或变化情况列计算填列调整。

（3）成员与合作社发生经济业务往来时，"交易量（额）"按实际发生数填列。

（4）年度终了，以"成员出资""公积金份额""形成财产的财政补助资金量化份额""捐赠财产量化份额"合计数汇总成员全年盈余返还总额，以"盈余返还金额"和"剩余盈余返还金额"合计数汇总成员全年盈余返还总额。应享有的合作社公积金份额。

(四) 财务状况说明书

财务状况说明书是对合作社一定会计期间生产经营、提供劳务服务以及财务、成本情况进行分析说明的书面文字报告。合作社应于年末编制财务状况说明书,对年度内财务状况做出书面分析报告,进行全面系统的分析说明。财务状况说明书没有统一的格式,但其内容至少应涵盖以下几个方面:

1. 合作社生产经营服务的基本情况

包括合作社的股金总额、成员总数、农民成员数及所占的比例、主要服务对象、主要经营项目等情况。

2. 成员权益结构

(1) 理事长、理事、执行监事、监事会成员名单及变动情况;

(2) 各成员的出资额,量化为各成员的公积金份额,以及成员入社和退社情况;

(3) 企事业单位或社会团体成员个数及所占的比例;

(4) 成员权益变动情况。

3. 其他重要事项

(1) 变更主要经营项目;

(2) 从事的进出口贸易;

(3) 重大财产处理、大额举债、对外投资和担保;

(4) 接受捐赠;

(5) 国家财政支持和税收优惠;

(6) 与成员的交易量(额)和与利用其提供的服务的非成员的交易量(额);

(7) 提取盈余公积的比例;

(8) 盈余分配方案、亏损处理方案;

(9) 未决诉讼、仲裁。

五、会计凭证、会计账簿和会计档案

(一) 会计凭证是记载经济业务发生、明确经济责任的书面文件，是记账的依据。合作社每发生一项经济业务，都要取得原始凭证，并据以编制记账凭证。各种原始凭证必须具备凭证名称、填制日期、填制凭证单位名称或者填制人姓名、经办人员的签名或者盖章、接受凭证单位名称、经济业务内容、数量单价金额。记账凭证必须具备填制日期、凭证编号、经济业务摘要、会计科目、金额、所附原始凭证张数等，并须由填制和审核人员签名盖章。

(二) 所有会计凭证都要按规定手续和时间送会计人员审核处理。填制有误和不符合要求的会计凭证，应要求修正和重填。无效、不合法和不符合财务制度规定的凭证，不能作为收付款项、办理财务手续和记账的依据。会计人员应根据审核无误的原始凭证，填制记账凭证，并据以登记账簿。记账凭证可以根据每一原始凭证单独填制，也可以根据原始凭证汇总表填制。一定时期终了，应将已经登记过账簿的原始凭证和记账凭证分类装订成册，妥善保管。

(三) 会计账簿是记录经济业务的簿籍，是编制会计报表的依据。合作社应设置现金日记账和银行存款日记账、总分类账和各种必要的明细分类账。

现金日记账和银行存款日记账，应由出纳人员根据收、付款凭证，按有关经济业务完成时间的先后顺序进行登记，一律采用订本账。总分类账按照总账科目设置，对全部经济业务进行总括分类登记；明细分类账按明细科目设置，对有关经济业务进行明细分类登记。总分类账可用订本账或活页账；明细分类账可用活页账或卡片账。

对于不能在日记账和分类账中记录的，而又需要查考的经济事项，合作社必须另设备查账簿进行账外登记。

（四）合作社所使用的各种会计凭证和会计账簿的内容和格式，应符合《中华人民共和国会计法》《会计基础工作规范》（财会字〔1996〕19号）和《会计档案管理办法》（财会字〔1998〕32号）等规定。

（五）账簿登记要做到数字正确、摘要清楚、登记及时。各种账簿的记录，应定期核对，做到账证相符、账实相符、账款相符、账账相符和账表相符。

（六）启用新账，必须填写账簿启用表，并编制目录。旧账结清后，要及时整理，装订成册，归档保管。

（七）合作社的会计档案包括经济合同或协议，各项财务计划及盈余分配方案，各种会计凭证、会计账簿和会计报表、会计人员交接清单、会计档案销毁清单等。

（八）合作社要按照《会计档案管理办法》（财会字〔1998〕32号）的规定，加强对会计档案的管理。建立会计档案室（柜），实行统一管理，专人负责，做到完整无缺、存放有序、方便查找。

附：会计档案保管期限

会计档案名称	保管期限	备注
一、会计凭证类		
1. 原始凭证、记账凭证和汇总凭证	15年	
其中：涉及外事和其他重要的会计凭证	永久	
2. 银行存款余额调节表	5年	

（续表）

会计档案名称	保管期限	备注
二、会计账簿类		
1. 日记账	15 年	
其中：现金和银行存款日记账	25 年	
2. 明细账	15 年	
3. 总账	15 年	包括日记总账
4. 固定资产卡片		固定资产报废清理后保存 5 年
5. 辅助账簿	15 年	
三、会计报表类		
年度会计报表	永久	包括文字分析
四、其他类		
1. 会计移交清册	15 年	
2. 会计档案保管清册	25 年	
3. 会计档案销毁清册	25 年	

附录3

财政部、国家税务总局关于农民专业合作社有关税收政策的通知

财税〔2008〕81号

各省、自治区、直辖市、计划单列市财政厅（局）、国家税务局、地方税务局，新疆生产建设兵团财务局：

经国务院批准，现将农民专业合作社有关税收政策通知如下：

一、对农民专业合作社销售本社成员生产的农业产品，视同农业生产者销售自产农业产品免征增值税。

二、增值税一般纳税人从农民专业合作社购进的免税农业产品，可按13%的扣除率计算抵扣增值税进项税额。

三、对农民专业合作社向本社成员销售的农膜、种子、种苗、化肥、农药、农机，免征增值税。

四、对农民专业合作社与本社成员签订的农业产品和农业生产资料购销合同，免征印花税。

本通知所称农民专业合作社，是指依照《中华人民共和国农民专业合作社法》规定设立和登记的农民专业合作社。

本通知自2008年7月1日起执行。

二〇〇八年六月二十四日

参考文献

[1] 刘明祖. 《农民专业合作社法》导读. 北京：中国民主法制出版社，2007.

[2] 许伟. 农民专业合作社财务会计实用教材. 北京：中国科学技术大学出版社，2008.

[3] 左晓斌. 农民专业合作社财务管理与会计. 北京：科学普及出版社，2013.

[4] 胡苗忠. 农民专业合作社财务会计实务. 杭州：浙江工商大学出版社，2014.